Mathematische Begriffe visualisiert mit Maple

Mathematische Begriffe visualisiert mit Maple

Springer-Verlag Berlin Heidelberg GmbH

T. Westermann · W. Buhmann · L. Diemer
E. Endres · M. Laule · G. Wilke

Mathematische Begriffe visualisiert mit Maple

für Lehrer und Dozenten

Springer

Kontaktadresse für Hochschulen:
Professor Dr.
Thomas Westermann
Fachhochschule Karlsruhe
Postfach 2440
76012 Karlsruhe, Deutschland
e-mail: westermann@fh-karlsruhe.de

Kontaktadresse für Schulen:
Regierungsschuldirektor
Wolfgang Buhmann
Oberschulamt Karlsruhe
Postfach 4840
76031 Karlsruhe, Deutschland
e-mail: za177@lehrer1.rz.uni-karlsruhe.de

Die Deutsche Bibliothek - CIP-Einheitsaufnahme
Mathematische Begriffe visualisiert mit Maple / von Thomas Westermann ... - Berlin; Heidelberg; New York; Barcelona; Hongkong; London; Mailand; Paris; Singapur; Tokio: Springer 2001

Mathematics Subject Classification (2000): 68Q40, 00A20

ISBN 978-3-540-42132-0   ISBN 978-3-642-83542-1 (eBook)
DOI 10.1007/978-3-642-83542-1

Springer-Verlag Berlin Heidelberg New York
ein Unternehmen der BertelsmannSpringer Science+Business Media GmbH

http://www.springer.de

© Springer-Verlag Berlin Heidelberg 2001
Ursprünglich erschienen bei Springer-Verlag Berlin Heidelberg New York 2001
Softcover reprint of the hardcover 2nd edition 2001
Maple und Maple V sind eingetragene Warenzeichen von Waterloo Maple Inc.

Einbandgestaltung: *Erich Kirchner,* Springer-Verlag Heidelberg
Satz: Reproduktionsfertige Vorlage der Autoren
Gedruckt auf säurefreiem Papier   SPIN 10836893   40/3142CK-5 4 3 2 1 0

Vorwort zur zweiten Auflage

Nachdem die erste Auflage nahezu vergriffen ist, haben uns mehrere Gründe
veranlasst, die vorliegende Neuauflage erheblich zu erweitern und in einigen
Punkten zu modifizieren. Zum einen haben sich die neuen Maple-Versionen
Maple6 bzw. Maple7 auf dem Markt etabliert, so dass alle elektronischen
Arbeitsblätter überarbeitet und an diese neuen Versionen angepasst wurden.
Die freundliche Aufnahme des Buches sowie der positive Zuspruch haben uns
bewogen, den Themenkatalog erheblich zu erweitern. Das Kapitel Funktionen
wurde durch die Themen *Superposition, Überlagerung sinusförmiger Funktio-
nen mit Zeigerdiagramm* und *Parameterkurven* ergänzt. Die *Funktionenlupe*
erleichtert die Visualisierung „kritischer" Bereiche von Funktionen. Erweitert
wurde auch das Kapitel „Gleichungen und Ungleichungen" um die graphische
Darstellung von *Ungleichungen*. Die Kegelschnitte erhielten eine zusätzliche
Fassung, und das Thema *Normalverteilung* wurde im Kapitel Stochastik neu
aufgenommen. Neu ist auch das Thema *Ortskurven*. Auch im Hinblick auf die
Verbindung zu den Naturwissenschaften wurde die CD-ROM um die Kapitel
Sinusfunktionen in der Physik sowie *Fraktale* und *Chaos* erweitert.
Unser besonderer Dank gilt den zahlreichen Anregungen und auch kritischen
Zuschriften, die wir im Hinblick auf Inhalt und Handhabung gerne berücksich-
tigten. Insbesondere danken wir Herrn Martin Busch für die Erstellung des
Kapitels *Chaos* sowie Herrn Matthias Hainz für die Übernahme der Haupt-
arbeit beim Kapitel *Fraktale*.

Karlsruhe, im Mai 2001

Prof. Dr. T. Westermann　　　　　　　　　　　*RSD W. Buhmann*
Fachhochschule Karlsruhe　　　　　　　　　*Oberschulamt Karlsruhe*

Vorwort zur ersten Auflage

Die vorliegende CD-ROM *Mathematische Begriffe visualisiert mit Maple für
Lehrer und Dozenten* ist ein Werkzeug, das mathematische Begriffe und Verfahren, vorwiegend aus dem Themenbereich der Oberstufe der Gymnasien
und der Anfangssemester an Hochschulen, im Unterricht/in der Vorlesung
sichtbar und damit für Schüler und Studenten visuell erfahrbar macht.
Damit wird ein Weg beschritten, der dem erfahrenen Lehrer und Dozenten
nicht neu ist; Anschauen und Ausprobieren stellen im Bereich der Mathema-

tik seit Euklid und Galilei ein unverzichtbares didaktisches und wissenschaftliches Mittel zur Gewinnung, aber auch zur Einprägung von Erkenntnissen und Kenntnissen dar. Neu ist allerdings, dass konsequent die Hilfsmittel des Computeralgebra-Systems Maple verwendet werden, um komplexe graphische Darstellungen sowie numerische und symbolische Berechnungen in einfacher Weise darzustellen.

Durch die große Verbreitung der Computeralgebra-Systeme (CAS) an Schulen und Hochschulen ist es möglich, die Unterrichts-/Vorlesungseinheiten gerade durch die Visualisierungsmöglichkeiten dieser Systeme zu bereichern. Die vielen Animationen auf der CD-ROM entspringen diesem Gedanken. Das Computeralgebra-System Maple bietet die Möglichkeit, die ausgearbeiteten elektronischen Arbeitsblätter (Worksheets) so flexibel zu gestalten, dass sie direkt im Unterricht/Vorlesung als fertige Dokumente benutzt, bei Bedarf aber auch interaktiv mit eigenen Beispielen ausgeführt werden können.

Aus eigener Erfahrung und Anschauung wissen wir, dass sich für Lehrer wie Schüler bei der Anwendung eines CAS zunächst das Problem ergibt, die Syntax dieses mächtigen Werkzeuges zu lernen. Damit ist eine oft längere Übungsphase verbunden bis die „Früchte" der Vorarbeit geerntet werden können. Diese Übungsphase wollen wir weitgehend abkürzen, indem wir die vorliegende CD-ROM so aufbereitet haben, dass vom Anwender nur wenige immer wiederkehrende Eingabeverfahren erwartet werden. Im Vordergrund soll nicht die Erarbeitung der Software stehen, sondern der didaktisch sinnvolle Einsatz. Natürlich konnten auch wir nicht vollständig auf Grundlagen verzichten. Durch eine kurzgefasste Einführung und Bedienungsanleitung sowie ausführliche Hilfe-Dokumente meinen wir jedoch, dass die vorliegende CD-ROM von jedem Lehrer und Dozenten aus dem Bereich der Mathematik/Naturwissenschaften und gegebenenfalls interessierten Schülern und Studenten schnell und nutzbringend angewendet werden kann. Alle Materialien sind auch als HTML-Dokumente vorhanden, so dass Lehrer und Dozenten, die kein Maple zur Verfügung haben, die graphischen Darstellungen sowie die Animationen auf der CD-ROM ebenfalls nutzen können.

Die Themen decken weite Bereiche der Schulmathematik und der einführenden Mathematik an den Fachhochschulen ab. So wurden neben „klassischen" Themen wie Elementare Funktionen, Gleichungen und Vektoren, Analytische Geometrie, Lineare Algebra, Komplexe Zahlen, Differential– und Integralrechnung auch „neuere" Themen wie Iterationsverfahren, Differentialgleichungen, Wachstums– und Zerfallsprozesse, Statistik und Wahrscheinlichkeitsrechnung und vieles mehr (insgesamt 37 Themenbereiche) berücksichtigt.

Zum besseren Überblick haben wir die Themen übersichtlich strukturiert und konsequent die Fenstertechnik in Form von Maple-Worksheets in Anwendung gebracht. Diese Strukturierung wurde innerhalb der einzelnen Themen weiterverfolgt, so dass ein schneller Zugriff auf die gewünschte Einzeldarstellung jederzeit möglich ist.

Das vorliegende Buch ist kein klassisches Lehrbuch, in dem die mathematischen Begriffe herkömmlich erklärt werden, sondern es soll ein Leitfaden für die CD-ROM sein, der alle auf der CD-ROM vorhandenen Themen in der dortigen Gliederung aufgreift, kurz beschreibt sowie die Funktion und ihre Visualisierung darstellt. Zudem wird auf alle Einzeldarstellungen innerhalb eines Themas einzeln hingewiesen.

Noch ein Wort zum Einsatz der vorliegenden CD-ROM: Sicher werden auch in Zukunft die „klassischen" Hilfsmittel im Unterricht wie z.B. Tafel und Overheadprojektor weiterhin Anwendung finden und finden müssen. Allerdings „passen" die vorhandenen Folien oft nicht für den gewünschten Einstieg oder die graphische Darstellung und müssten mit erheblichem Zeitaufwand neu erstellt bzw. modifiziert werden. Zudem wünschen wir uns als Lehrende häufig aus der aktuellen Unterrichts-/Vorlesungssituation heraus ein anschauliches Beispiel, das aber als Tafelanschrieb zu zeitaufwendig ist und daher meist unterbleibt.

Wir meinen mit der vorliegenden CD-ROM ein Werkzeug geschaffen zu haben, das *von Lehrern/Dozenten für Lehrer/Dozenten* entwickelt wurde, leicht zu handhaben ist, unnötige, zeitaufwendige Vorarbeiten vermeidet, zur Demonstration im Unterricht/in der Vorlesung dient, flexibel auf Fragestellungen im laufenden Unterricht/in der Vorlesung angewendet werden kann und weite Bereiche des Unterrichts abdeckt.

Natürlich konnte ein so umfangreiches Projekt nicht allein von der Autorengruppe ohne die Hilfe vieler Kollegen und Institutionen bewältigt werden. Dank sei an dieser Stelle ausdrücklich den Autoren zu speziellen Themen gesagt: Herrn StD Dr. Gerhard Bitsch, Tübingen für die Überlassung seiner Worksheets zum Thema *Stochastik*, Herrn StD Christoph Fisches, Schriesheim für die Erstellung eines Worksheets zum Thema *Folgen*, den Studenten des Studiengangs Sensorsystemtechnik Volker Ceh, Matthias Hainz, Armin Jerger, Carsten Klewitz, Matthias Kienzler, Julian Neubig und Ivica Zelic für die Erstellung von Worksheets im Rahmen u.a. von LARS-Projekten. In finanzieller und organisatorischer Hinsicht war die wohlwollende Hilfe des Ministeriums für Kultus, Jugend und Sport Baden-Württemberg, Herrn StD Walter Kinkelin, und der Studienkommission für Hochschuldidaktik an Fachhochschulen in Baden-Württemberg, Herrn Rektor Prof. Fischer, Fachhochschule Karlsruhe, von großer Bedeutung. Herrn TOL Klaus Bartholomae danken wir für die Erstellung des modernen Logos der Maple-Worksheets sowie Herrn Prof. Dieter Koller, Staatl. Seminar Karlsruhe für seine Unterstützung.

Unser Dank gilt auch dem Springer-Verlag für die angenehme und kooperative Zusammenarbeit, speziell Herrn Feith, der sehr auf unsere speziellen Wünsche und Vorstellungen eingegangen ist.

Karlsruhe, im Juli 1999

Prof. Dr. T. Westermann
Fachhochschule Karlsruhe

RSD W. Buhmann
Oberschulamt Karlsruhe

Inhaltsverzeichnis

---

[1] Dieses Verzeichnis gibt auch den Inhalt der CD wieder. Themen, die aus Platzgründen nur auf der CD zu finden sind, sind kursiv gesetzt.

1. Einführung

Mit dieser CD-ROM hat das Autorenteam ein Medium schaffen wollen, das sich vor allem an Lehrer und Dozenten wendet, die ein flexibles Mittel suchen, mathematische Begriffe und ihre Zusammenhänge „sichtbar" zu machen – ein Mittel, das dabei die spezifischen Möglichkeiten, die ein Computer bietet, wie z.B. Animationen oder drehbare Schrägbilddarstellungen besonders nutzt.

Die Beispiele auf dieser CD sind daher so aufgebaut, daß jeder Lehrende sie während seiner Vorbereitung und im Unterricht nutzen kann, ohne auf dem Gebiet der Computeralgebrasysteme ein Experte sein zu müssen. Die Worksheets geben dabei nicht unbedingt einen geschlossenen Unterrichtsgang wieder, sondern stellen Erweiterungen desselben dar, die modular eingebaut werden können. Da als Zielgruppe Lehrer und Dozenten angesehen werden, die mathematischen Inhalte somit als bekannt vorausgesetzt werden können, wurde auf eine mathematisch-didaktische Einführung in die jeweilige Thematik weitgehend verzichtet.

Wer die vorliegende CD nutzt, darf also einen reibungslosen Einstieg in Maple, sofort einsetzbare Beispiele und eine schrittweise Erweiterung seiner eigenen Kenntnisse erwarten. Die Autoren wollen dabei helfen, ohne allerdings auch nur den Anschein erwecken zu wollen, daß man eine vollständige Übersicht über Maple auf diesem Wege bieten kann.

Inhalte der Einführung auf der CD

Die Einführung auf der CD gliedert sich in mehrere Abschnitte, in denen auch Funktionen von Maple hinsichtlich des Gebrauchs als Textwerkzeug dokumentiert werden.

Kapitel 1 – Die Oberfläche von Maple: In diesem Abschnitt werden die Benutzeroberfläche sowie die elementaren Bedienungs- und Formatierungsmöglichkeiten von Maple erklärt. Da Maple sehr viele Optionen moderner Textverarbeitungsprogramme besitzt, werden diese besonders erläutert. Symbolleisten, Kontextmenüs, Hyperlinks und der Formelsatz sind weitere Themen.

Kapitel 2 – Rechnen mit Maple: Dieser Abschnitt ist vor allem für Maple-Anfänger gedacht, denn hier werden die grundlegenden Befehle sowie die Ein- und Ausgabekonventionen aufgezeigt. Wer möchte kann diesen Abschnitt auf der CD auch interaktiv benutzen.

Kapitel 3 – Tabellen in Maple: Seit dem Release 5 ist es nun in Maple möglich Tabellen einzufügen und zu bearbeiten. Die Bedienung orientiert sich bis auf ein paar Ausnahmen an der bekannter Tabellenkalkulationsprogramme. Auch dieses Kapitel weist eine interaktive Variante auf.

Kapitel 4 – Hinweise zur Bedienung der CD: Während sich die ersten drei Abschnitte der Einführung mit der Bedienung von Maple beschäftigen, geht es im vierten um Besonderheiten der CD *Mathematische Begriffe visualisiert mit Maple.*

Kapitel 5 – Prozeduren und Bilder: Hier stehen nützliche Tipps für die Arbeit mit unseren Prozeduren in eigenen Worksheets. Auf verschiedene Möglichkeiten, die Bilder einer Animation auszudrucken, wird enbenfalls eingegangen.

1.1 Systemvoraussetzungen

Um die elektronischen Arbeitsblätter der vorliegenden CD-ROM benutzen zu können, müssen folgende Voraussetzungen erfüllt sein:

- Die Worksheets sind für **Maple6** und **Maple7** entwickelt worden! Eine entsprechende **Installation des Computeralgebrasystems muss vorhanden sein**.
- Die Html-Versionen der Worksheets können mit jedem üblichen Browser betrachtet werden.[1]
- Benutzer, die die Vorgängerversion *MapleV Release 5* besitzen, finden im Ordner *Zusatz* die Arbeitsblätter der ersten Auflage, die für diese Version entwickelt worden waren.
- Die Worksheets wurden im Mac System nicht getestet. Die Autoren können daher keine Garantie geben, dass die CD auf dem Macintosh nutzbar ist.

Für das Programm Maple werden vom Hersteller folgende Mindestvoraussetzungen angegeben:

- Intel Pentium oder kompatibler Prozessor
- 70 MB Festplattenplatz
- **mind.** 32 MB RAM (Arbeitsspeicher)[2]
- Windows NT 4.0, Windows 9x, Linux oder Mac System ab 8.5

1.2 Installationshinweise

Variante A (Installation auf der lokalen Festplatte):

1. Legen Sie die CD ein. Starten Sie bitte das Setup-Programm über:
   START → AUSFÜHREN: → „D:\SETUP"
   (falls D: der Laufwerksbuchstabe Ihres CD-ROM-Laufwerks ist)

---

[1] Interaktive Veränderungen der Arbeitsblätter sind dann allerdings nicht möglich.
[2] Ein höherer Wert wird dringend empfohlen, da Maple sonst zu Abstürzen neigt!

2. Befolgen Sie die Anweisungen des Setup-Programms. Sie können den Umfang der Installation selbst festlegen.

3. Nach erfolgreicher Installation können Sie die Arbeitsblätter über den entsprechenden Eintrag in Ihrem Startmenü öffnen.

Variante B (Start über den Explorer direkt von CD) [3]

1. Legen Sie die CD ein.

2. Starten Sie beim ersten Mal das Setup-Programm. Wählen Sie die Installationsart „MINIMAL", damit die für die Online-Hilfe benötigte Schriftart installiert wird.

3. Wählen Sie im Explorer (Dateimanager) Ihr CD-ROM-Verzeichnis aus.

4. Öffnen Sie im Explorerfenster das Worksheet „INDEX.MWS" durch Doppelklick.
   Achtung: Öffnen Sie bitte „INDEX.MWS" immer mit Doppelklick aus dem Explorer heraus, da nur dann die Pfade korrekt gesetzt werden.

1.3 Allgemeine Hinweise zu den Worksheets

- Jedes Worksheet beginnt mit einem Abschnitt *Initialisierung*. Die Befehle dieses Abschnitt **müssen ausgelöst werden**, bevor mit dem Worksheet gearbeitet werden kann!
- Alle Worksheets sollten über das Inhaltsverzeichnis *index.mws* geöffnet werden. Nur so ist gewährleistet, dass alle Pfade stimmen.
- Die Berechnungen auf einem Arbeitsblatt können unter Maple durch Drücken der Enter-Taste zeilenweise oder aber komplett über den Menüpunkt EDIT - EXECUTE - WORKSHEET ausgelöst werden.
- Über die Bildlaufleisten kann ein beliebiger Ausschnitt ausgewählt werden.

Hinweise zu Schaubildern und Animationen: Einige, entsprechend markierte Plots sind als *Animationen*, andere als *3D-Darstellungen (Schrägbilddarstellungen)* vorbereitet.

Eine *Animation* ist eine gespeicherte Folge von Einzelbildern. Diese können fortlaufend wie ein „Film" oder einzeln betrachtet werden. Sie erkennen eine Animation daran, dass nach einem Klick auf das Bild eine neue Symbolleiste sichtbar wird. Die Symbole der Leiste werden nachfolgend erklärt.

Zusätzlich lassen Plots, die als *Schrägbilddarstellungen* auftreten, eine Veränderung des Blickwinkels zu. Klicken Sie dazu ebenfalls auf das Bild und halten Sie die linke Maustaste gedrückt. Wenn Sie dann die Maus bewegen, dreht sich das Koordinatenkreuz.

---

[3] Hinweis: Die CD muss während jeder Sitzung eingelegt sein.

Bei den Animationen kann man auch auf ein *Kontextmenü* durch Klick mit der rechten Maustaste auf das Bild bzw. die Animation zugreifen. Das sich öffnende Menü bietet Möglichkeiten zur Änderung bzw. Anpassung der Animation. Dort, wo ein kleiner schwarzer Pfeil nach rechts weist, sind weitere Optionen verborgen. Man fährt mit der Maus auf einen Menüpunkt, ggf. öffnet sich ein Untermenü, in dem man dann durch Klick mit der linken Maustaste eine Option auswählt.

1.4 Hinweise zu den Html-Dateien

Im Unterverzeichnis HTML auf der CD finden sich in Hypertext konvertierte Worksheets, so dass auch diejenigen, die Maple nicht zur Verfügung haben, die Worksheets einsetzen können, zumindest wenn Sie einen Internetbrowser ihr eigen nennen. Natürlich ist hier keine interaktive Veränderung der Seiten möglich. Zum Starten der Html-Dateien öffnen Sie bitte aus dem Explorer heraus die Datei HTML/INDEX.HTML durch Doppelklick.

1.5 Datei-Struktur auf der CD-ROM

	content	Dieser Ordner enthält die einzelnen Worksheets.
	html	In diesem Ordner sind die Worksheets in Html-Code enthalten.
	lib	Dieser Ordner enthält die Library und die Online-Hilfe des Projektes. Die Maple-Systemvariable LIBNAME muss diesen Pfad enthalten.
	src	In diesem Ordner befinden sich sämtliche Quelltexte der Prozeduren und der Hilfe-Seiten.
	zusatz	Dieser Ordner enthält die Worksheets der ersten Auflage. Diese sind unter MapleV Release 5 lauffähig.
	index.mws	Das Start-Worksheet (Inhaltsverzeichnis).
	maple.ini	In dieser Datei werden Pfade gesetzt.
	setup.exe	Das Installationsprogramm.
	start.html	Die Startseite in HTML-Code.

2. Elementare Funktionen/Funktionenklassen

2.1 Schaubilder von Funktionen

Autor: Eberhard Endres

Zu jedem der nachfolgenden Punkte finden Sie ein Arbeitsblatt, mit dem die charakteristische Gestalt der Schaubilder der entsprechenden Funktionen visualisiert werden kann. Sie finden dort:

- ein Schaubild eines Vertreters dieser Funktionsklasse. Zum Zeichnen der Schaubilder wird die Prozedur **_Schaubild_** verwendet.
- eine Kurvenschar aus dieser Funktionsklasse. Zum Zeichnen der Kurvenschar wird die Prozedur **_Kurvenschar_** verwendet.
- eine Animation, die die Veränderung des Schaubilds bei Variation des Parameters zeigt. Für diese Animation wird die Prozedur **_Parameterkurve_** verwendet.
- eine 3-D-Darstellung einer Funktionenschar. Zum Zeichnen dieser Kurvenschar in dreidimensionaler Darstellung wird die Prozedur **_Kurvenschar3D_** verwendet.

Schaubild einer gebrochen-rationalen Funktion: Beachten Sie, dass Maple standardmäßig Polstellen als senkrechte Gerade mit einzeichnet! [1]

```
>  f := x -> x+5/(x+1);                    # Funktionsdefinition
>  Schaubild(f,-5..5,view=[-5..5,-15..15]);
```

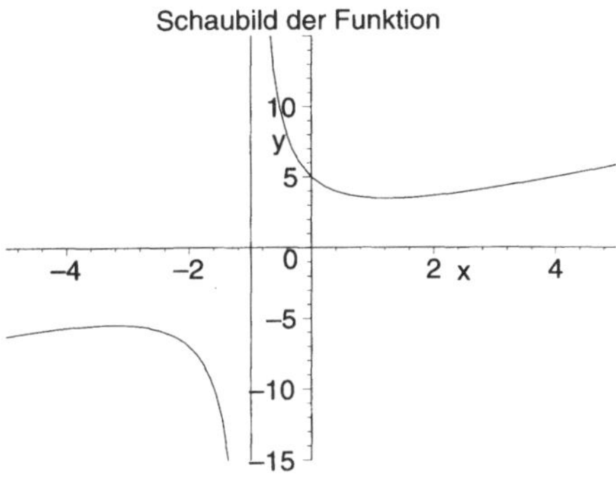

---

[1] Wenn dies nicht erwünscht ist, setze man die Option „discont=true".

Darstellung einer Kurvenschar: In der folgenden Funktion bezeichnet k den Parameter.

```
>   f:=  (k,x) -> x+k/(x+1):      # Funktionsdefinition
    ParameterBereich:=-3..6:  Schrittweite := 1:
    Bereich := -4..4:              Option:= view=[Bereich,-10..10]:
>   Kurvenschar(f,Bereich,ParameterBereich,Schrittweite,Option);
```

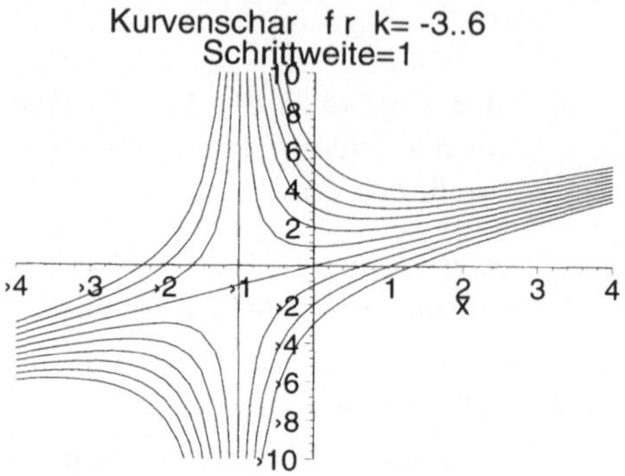

Animation der Auswirkung des Parameters auf eine Kurvenschar: Die Bedeutung des Parameters lässt sich in einer Animation veranschaulichen.

```
>   Pdelta := 1/2:          # Schrittweite f"ur Parametervariation
>   Parameterkurve(f,Bereich,Parameterbereich,Pdelta,Optionen);
```

Animation !

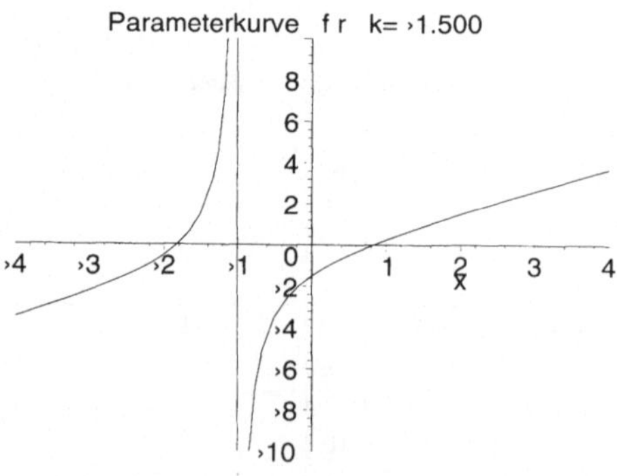

Dreidimensionale Darstellung einer Kurvenschar: Das nachfolgende Schaubild zeigt — hintereinander aufgereit — die entsprechende Kurvenschar (jede Kurve in einer anderen Farbe) in einem 3D-Plot.

```
> f:=  (k,x) -> 1/(x^2+k^2/100):
  Bereich := -0.3..0.3:        Parameterbereich:=1..2:
  Optionen:= view=[Bereich,Parameterbereich,0..100]:
> Kurvenschar3D(f,Bereich,Parameterbereich,Optionen);
```

3D-Darstellung !

$$f(k,x) = \frac{1}{x^2 + \dfrac{1}{100}\,k^2}$$

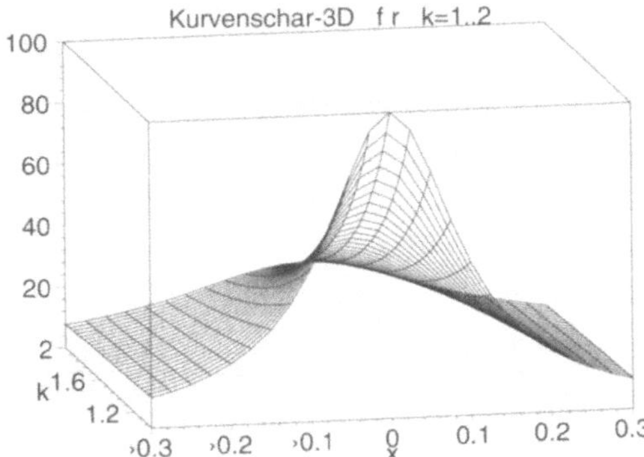

Weitere Themen auf der CD: Entsprechende Darstellungen für ganzrationale Funktionen, trigonometrische Funktionen und Exponentialfunktio-
nen.

2.2 Funktionenlupe

Autor: Eberhard Endres

Das Paket *FLupe* enthält die Prozedur **Lupe**. In einem gewählten Bereich
wird das Schaubild einer Funktion gezeichnet sowie in blauer Farbe eine Folge von Teilausschnitten gezeigt, in die anschließend in Form einer Bildfolge
„hineingezoomed" wird. Durch dieses Worksheet wird die infinitesimale Linearität von differenzierbaren Funktionen visualisiert.

Beispiel 1 (ganzrationale Funktion - differenzierbar): In einer Animation wird eine Folge von Schaubildausschnitten gezeichnet, in die anschließend
in Form einer Bildfolge „hineingezoomed" wird. Dadurch wird bei differenzierbaren Funktionen die lokale Linearität visualisierbar.

```
>   f:= x -> -(10*x-11/10)^6*(x-1)^2/1000+x:  # Funktion
    xP       := 1:        # x-Koordinate des Ortskurvenpunktes
    xBreite  := 2:        # x-Zeichenbreite
    yBreite  := 10:       # y-Zeichenbreite
    Anzahl   := 4 :       # Anzahl der Bilder
    Teiler   := 8:        # Zoomfaktor
>   Lupe(f,xP,xBreite,Anzahl,Teiler,yBreite);
```

$$f := x \to -\frac{1}{1000}\,(10\,x - \frac{11}{10})^6\,(x-1)^2 + x$$

Schaubild mit allen Zoom − Ausschnitten

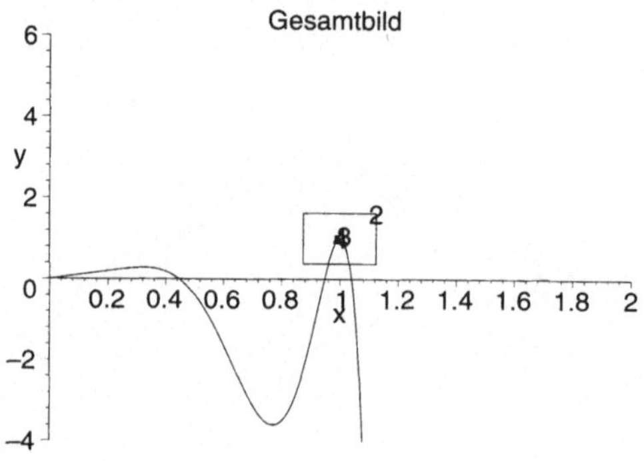

Schaubild − Ausschnitte in normierter Größe

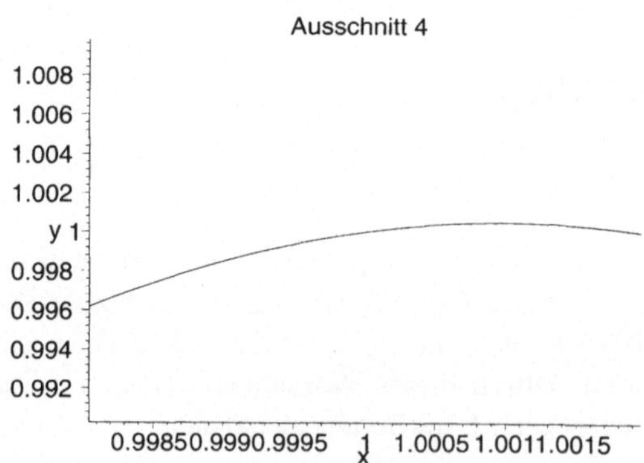

Beispiel 2 (Betragsfunktion - nicht differenzierbar): In dem folgenden Beispiel wird besonders deutlich die Stelle „vergrößert", an der die Funktion nicht differenzierbar ist.

```
> f:= x -> abs(x^2-4)+1:   # Funktion
  xP        := 2:          # x-Koordinate des Ortskurvenpunktes
  xBreite := 10:           # x-Zeichenbreite
  yBreite := 10:           # y-Zeichenbreite
  Anzahl  := 3:            # Anzahl der Bilder
  Teiler  := 6:            # Zoomfaktor
> Lupe(f,xP,xBreite,Anzahl,Teiler,yBreite);
```

$$f := x \rightarrow \left|x^2 - 4\right| + 1$$

Schaubild mit allen Zoom − Ausschnitten

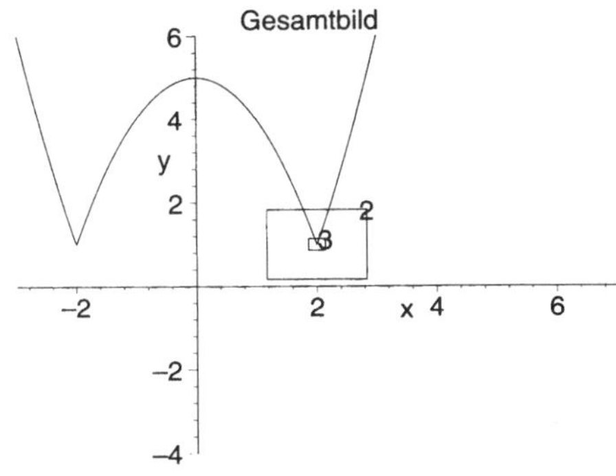

Schaubild − Ausschnitte in normierter Größe

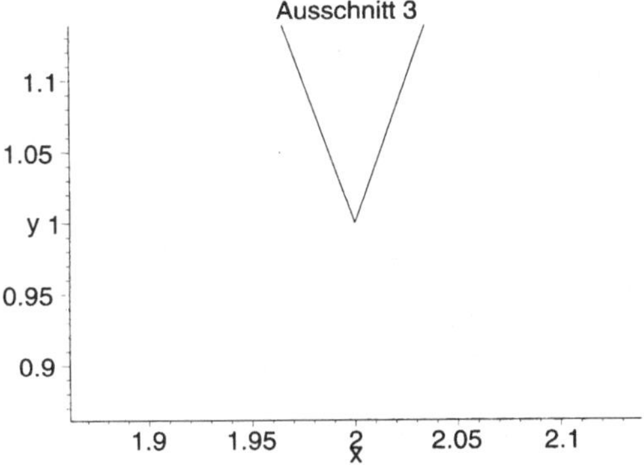

Beispiel 3 (trigonometrische Funktion - nicht differenzierbar): Das
letzte Besipiel zeigt die Anwendung der Prozedur *Lupe* auf eine abschnitts-
weise definierte, trigonometrische Funktion.

```
>   f:= x -> if x=0 then 0 else x*sin(1/x) fi:   # Funktion
    xP        := 0:          # x-Koordinate des Ortskurvenpunktes
    xBreite := 4:            # x-Zeichenbreite
    yBreite := 2:            # y-Zeichenbreite
    Anzahl  := 3:            # Anzahl der Bilder
    Teiler  := 8:            # Zoomfaktor
>   Lupe(f,xP,xBreite,Anzahl,Teiler,yBreite);
```

$$f := \begin{cases} 0 & : \quad x = 0 \\ x\,sin\frac{1}{x} & : \quad x \neq 0 \end{cases}$$

Schaubild mit allen Zoom − Ausschnitten

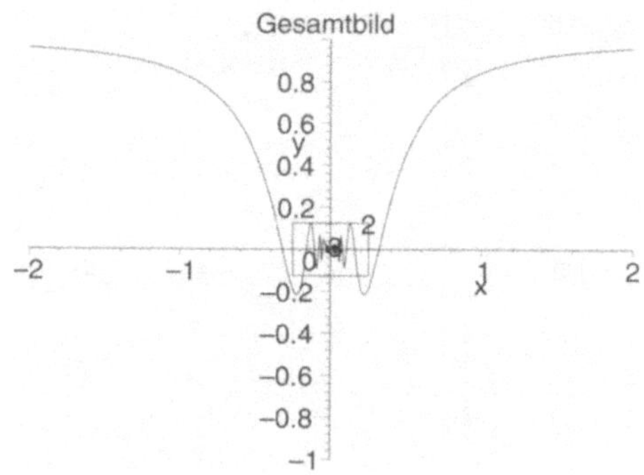

Schaubild − Ausschnitte in normierter Größe

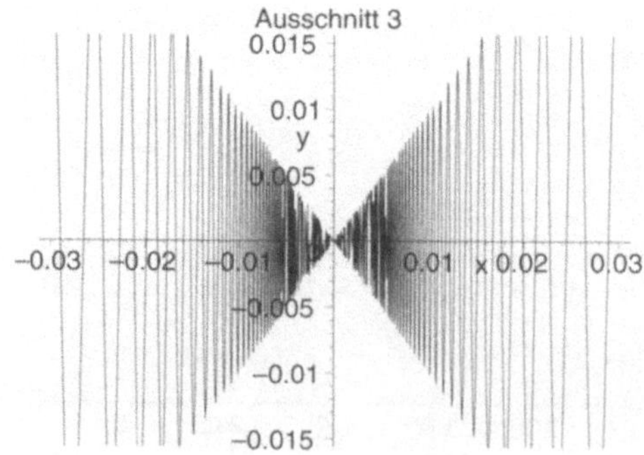

2.3 Darstellung trigonometrischer Funktionen am Einheitskreis

Autor: Michael Laule

In diesem Worksheet wird der Zusammenhang zwischen den trigonometrischen Funktionen und ihrer Darstellung am Einheitskreis bzw. im Zeigerdiagramm durch entsprechende Animationen visualisiert. Es wird dabei jeweils das Schaubild der betreffenden Funktion im Bereich von 0 bis 2π - sofern definiert - punktweise gezeichnet.

Tangensfunktion und Zeigerdiagramm: Am Einheitskreis rotiert ein Zeiger gleichförmig. Dabei wird der Bogenlänge x am Kreis – gemessen vom Punkt $(1\,|\,0)$ gegen den Uhrzeigersinn bis zur Zeigerspitze – das Verhältnis aus zweiter und erster Koordinate des Zeigers zugeordnet. Die entsprechenden Wertepaare werden in einer Animation den zugehörigen Zeigerständen zugeordnet und in ein Achsenkreuz eingezeichnet.

```
>   Tangenskurve();
```

Animation !

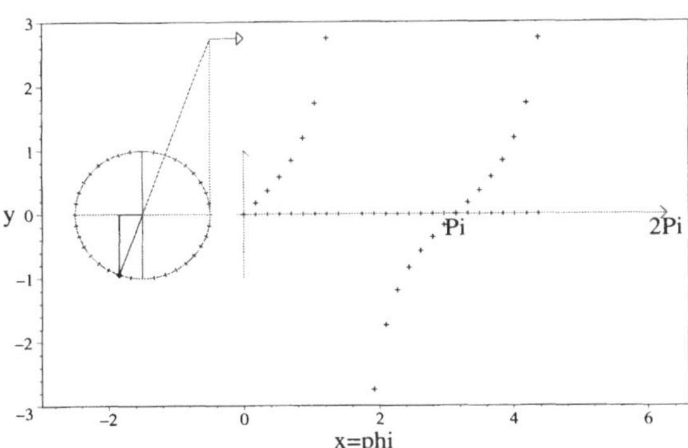

Weitere Themen auf der CD: Darstellung der Sinus-, Kosinus- und Kotangensfunktion am Einheitskreis.

2.4 Überlagerung sinusförmiger Funktionen mit Zeigerdiagramm

Autor: Michael Laule

Alle drei Prozeduren dieses Arbeitsblattes benutzen zur Visualisierung den Zusammenhang zwischen Zeigerdiagrammen und Schaubildern sinusförmiger Funktionen.

Überlagerung zweier sinusförmiger Funktionen gleicher Periode: Nach Übergabe der entsprechenden Parameter zeichnet die Prozedur ***Zeiger1*** das Schaubild mit der Gleichung $y = s1 \sin(x + \phi 1) + s2 \sin(x + \phi 2)$ schrittweise. Dabei wird das Verfahren der Ordinatenaddition durch die Projektion rotierender Zeiger auf die zweite Achse visualisiert.

Die ursprünglichen Sinuskurven werden in negativer x-Richtung durch entsprechende Wahl der Parameter $\phi 1$ und $\phi 2$ (Nullphasenwinkel der Zeiger) verschoben und in y-Richtung durch die Faktoren *s1* und *s2* (Längen der Zeiger) gestreckt. Die Eingabe von $\phi 1$ und $\phi 2$ erfolgt aus Gründen der Übersicht im Gradmaß. Die Anzahl der Bilder lässt sich für eine volle Periode von 2π über die Angabe der Schrittweite in Grad pro Bild bestimmen. Länge des ersten Zeigers ($0 < s1$):

```
>  s1:=1:
```

Länge des zweiten Zeigers ($0 < s2$):

```
>  s2:=3/2:
```

Nullphasenwinkel des ersten Zeigers in Grad:

```
>  phi1:=0:
```

Nullphasenwinkel des zweiten Zeigers in Grad:

```
>  phi2:=60:
```

Schrittweite in Grad pro Bild:

```
>  sw:=10:
>  Zeiger1(s1,s2,phi1,phi2,sw);
```

$$y_{res} = \sin(x) + \frac{3}{2}\sin(x + \frac{1}{3}\pi)$$

$$y_{res} = \frac{1}{2}\sqrt{19}\sin(x + \arccos(\frac{7}{38}\sqrt{19}))$$

Animation!

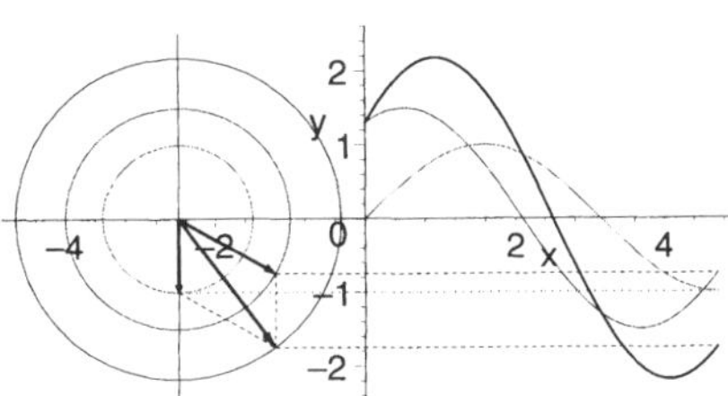

Überlagerung zweier sinusförmiger Funktionen unterschiedlicher Periode: Eine Visualisierung der Überlagerung zweier sinusförmiger Funktionen der Perioden $\frac{2\pi}{a}$ und $\frac{2\pi}{b}$ liefert die Prozedur **Zeiger3**: $y = s1\sin(a\,x + \phi1) + s2\sin(b\,x + \phi2)$. Dabei wird das Verfahren der Ordinatenaddition durch die Projektion rotierender Zeiger auf die zweite Achse visualisiert. Die ursprünglichen Sinuskurven werden durch die Faktoren $s1$ und $s2$ in y-Richtung und durch $\frac{1}{a}$ und $\frac{1}{b}$ in x-Richtung gestreckt und um $\frac{\phi1}{a}$ und $\frac{\phi2}{b}$ in negativer x-Richtung verschoben. Die Anzahl der Bilder für eine volle Schwebungslänge $\frac{2\pi}{|b-a|}$ ist aus Gründen der Übersicht und gegebenenfalls Rechenzeit mit 36 (37 mit Ausgangsbild) fest vorgegeben. Länge des ertsen Zeigers ($0 < s1$):

```
>  s1:=1:
```

Länge des zweiten Zeigers ($0 < s2$):

```
>  s2:=.5:
```

Nullphasenwinkel des ersten Zeigers in Grad:

```
>  phi1:=0:
```

Nullphasenwinkel des zweiten Zeigers in Grad:

```
>  phi2:=180:
```

Winkelgeschwindigkeit für den ersten Zeiger in Grad pro Zeiteinheit:

```
>  a:=12:
```

Winkelgeschwindigkeit für den zweiten Zeiger in Grad pro Zeiteinheit:

```
>  b:=11:
>  Zeiger3(s1,s2,phi1,phi2,a,b);
```

$$y_{res} = \sin(12\,x) - .5\sin(11\,x)$$

Animation!

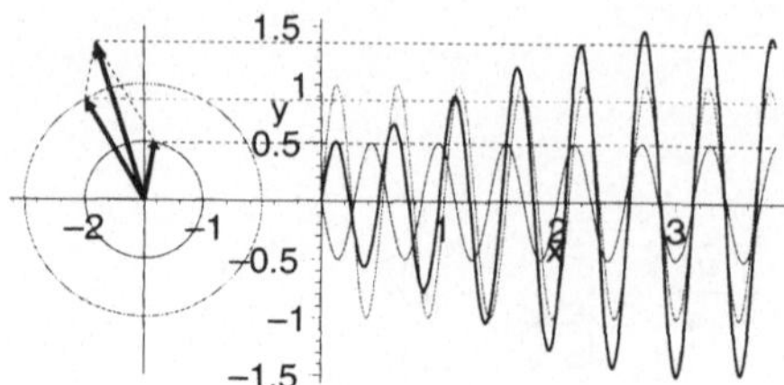

Weitere Themen auf der CD: Die Prozedur *Zeiger2* stellt in entsprechender Weise die Überlagerung dreier sinusförmiger Funktionen gleicher Periode dar.

2.5 Superpositionsprinzip

Autor: Lothar Diemer

In diesem Worksheet wird zunächst die Addition zweier trigonometrischer Funktionen — hier konkret nur die Sinusfunktion und die Kosinusfunktion — visualiert. Dabei zeigen die Animationen in festgelegten Abständen die Werte beider Funktionen und den addierten Wert an. Dann wird die Idee der animierten Superposition auf die Varianten der beiden Funktionen und schließlich auf nicht trigonometrische Funktionen übertragen. Dabei muss man beachten, das die ausgewählten Funktionen keine Definitionslücken im gewünschten Animationsbereich haben dürfen.

Superposition von Sinus und Kosinus (Standardform): Das Intervall $[0\,;\,2\pi]$ wurde in 36 gleiche Teile zerlegt. Für alle n Vielfachen von $\frac{\pi}{18}$ mit $n \in \{0, 1, 2, \ldots, 36\}$ werden die Werte des Sinus (schwarz), des Kosinus (blau) und deren Summe (rot) berechnet und in einer Liste gespeichert und schließlich als Animation angezeigt. Hier wird die Variante gezeigt, der auch noch ein Koordinatenkreuz unterlegt wurde. Das ist sehr rechenintensiv.

```
>   for i from 0 to 36 do
    f:=x->0: Linie:=plot(f(x),x=-1..6.5,y=-2..2,axes=normal):
    Koord:=coordplot(cartesian,[-1..8,-2..2],grid=[19,11]):
    B1:=[op(B1),pointplot([Pi/18*i,sin(Pi/18*i)],symbol=circle)]:
    B2:=[op(B2),pointplot([Pi/18*i,cos(Pi/18*i)],symbol=box)]:
    B3:=[op(B3),pointplot([Pi/18*i,cos(Pi/18*i)+sin(Pi/18*i)],
    symbol=cross)]:
    Liste:=[op(Liste),display(B1,B2,B3,Linie,Koord)]: od:
```

```
>  display(Liste,view=[-1..6.5,-2..2],insequence=true);
```

Animation !

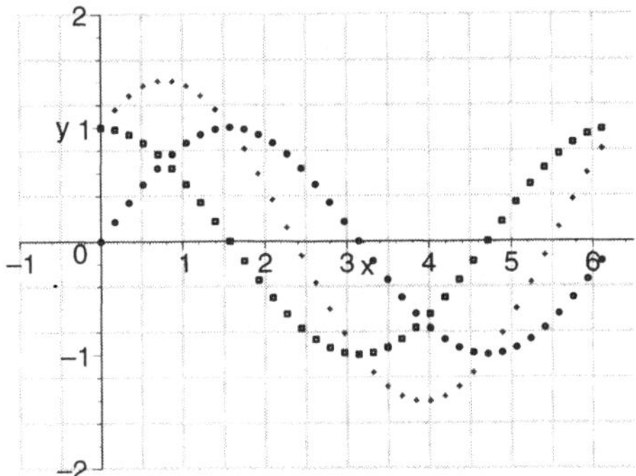

Superposition von nichttrigonometrischen Funktionen: Die Prozeduren *superpos1* und *superpos2* ermöglichen sowohl die Variation der hier gezeigten trigonometrischen Funktionen wie den Einsatz nichttrigonometrischer Funktionen mit den oben genannten Einschränkungen bezüglich des Animationsbereichs.

```
>  f:=x->1/5*x^3-3/10*x^2-6/5*x+2:
>  g:=x->3/8*x^4-2*x^2+1/2*x:
>  a:=-3:
>  b:=3:
>  superpos2(f,g,a,b);
```

Animation !

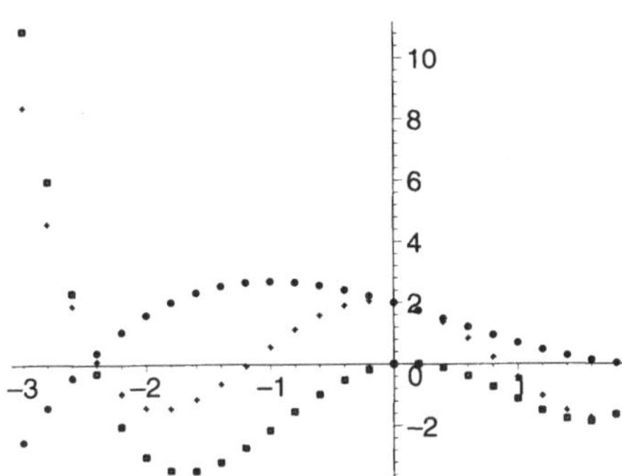

Weitere Themen auf der CD: Superposition von Variationen von Sinus bzw. Kosinus, Darstellungen mit und ohne Koordinatensystem.

2.6 Darstellung von Funktionen mit Parametern

Autor: Matthias Hainz

Die Prozedur *ParameterPlot* dient zur Darstellung von Funktionen mit einer Variablen und mehreren Parametern, wenn die Parameterbereiche *par.i=von..bis* angegeben sind. In einer Animation wird ausgehend von einer Referenzfunktion zu den Parameteranfangswerten jeweils ein Parameter nach dem anderen variiert bis am Ende der Animation die Parameterendwerte erreicht sind. Die Referenzfunktion wird permanent gezeichnet.

Die allgemeine Sinusfunktion a sin(bx + c) + d: Das folgende Beispiel demonstriert den Aufruf der Prozedur im Falle der allgemeinen Sinusfunktion $y = a\sin(b\,t + c) + d$, wenn die Parameter a von 1 bis -2, b von 1 bis π, c und d von 0 bis 1 variieren sollen:

```
>   with(paraplot):
>   ParameterPlot(a*sin(b*t+c)+d, t=0..4*Pi, [a=1..-2, b=1..Pi,
    c=0..1, d=0..1], axes=framed, thickness=3);
```

Animation !

$$(a,\ b,\ c,\ d) \to a\sin(b\,t + c) + d$$

Info: Diese Arbeit wurde gefördert durch ein Projekt aus dem Förderprogramm „Leistungsanreize in der Lehre (LARS)" des Ministeriums für Wissenschaft und Forschung, Baden-Württemberg, 1998/99.

Weitere Themen auf der CD: Die allgemeine Funktion $\exp\left(-a\,(x - x_0)^2\right)$.

2.7 Parameterkurven

Autor: Eberhard Endres

In diesem Worksheet werden drei Prozeduren verwendet:

- Die Prozedur *Einzelpunkt*, die (in einer Animation) einzelne Punkte in Abhängigkeit vom Parameter darstellt.
- Die Prozedur *Punkteschar*, die die zuvor gezeigten Punkte in einem einzigen Koordinatensystem gleichzeitig darstellt.
- die Prozedur *Parameterkurve*, die die obigen Punkte durch eine Kurve verbindet.

Animation für hervorgehobene Punkte einzelner Kurven: Die Prozedur *Einzelpunkt* erstellt eine Animation, in der die einzelnen Punkte $[f_x(t); f_y(t)]$ gezeichnet werden. Erforderlich sind zwei Funktionen; optional können noch der Zeichenbereich, die Punktanzahl sowie der x-Zeichenbereich und der y-Zeichenbereich angegeben werden.

```
>   fx := t -> cos(3*t);      # Funktion fx (horizontal)
    fy := t -> 0.7*sin(t);    # Funktion fy (vertikal)
    tBereich := 0..2*Pi:      # Variationsbereich fuer t

>   Einzelpunkt(fx,fy,tBereich);
```

Animation !

$$fx := t \rightarrow \cos(3\,t)$$

$$fy := t \rightarrow .7\sin(t)$$

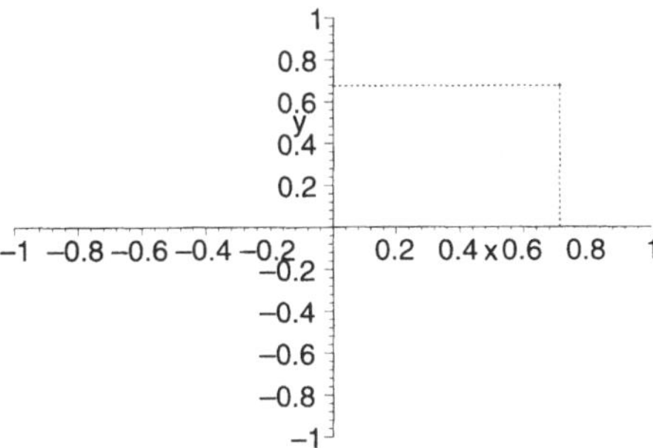

Darstellung aller Einzelpunkte in einem Koordinatensystem: Die Prozedur *Punkteschar* erstellt ein zweidimensionales Schaubild, in der die einzelnen Punkte $[f_x(t); f_y(t)]$ zusammen in einem Koordinatensystem eingezeichnet werden.

```
> fx := t -> cos(3*t);        # Funktion fx (horizontal)
  fy := t -> 0.7*sin(t);      # Funktion fy (vertikal)
  tBereich := 0..2*Pi:        # Variationsbereich f"ur t
  Optionen := numpoints=180:  # Optionen f"ur die Zeichnung
> Punkteschar(fx,fy,tBereich,Optionen);
```

$$fx := t \to \cos(3\,t)$$

$$fy := t \to .7\sin(t)$$

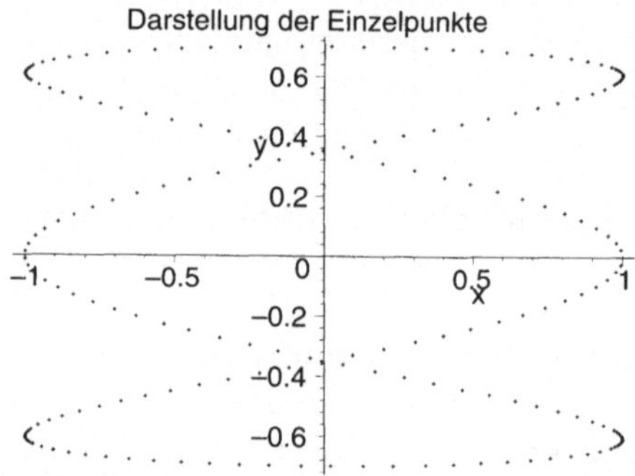

Darstellung der Parameterkurve mit allen Einzelpunkten: Die Prozedur *Parameterkurve* erstellt ein zweidimensionales Schaubild, in der die entstehende Parameterkurve in einem Koordinatensystem gezeichnet wird.

```
> fx := t -> cos(3*t);        # Funktion fx (horizontal)
  fy := t -> 0.7*sin(t);      # DFunktion fy (vertikal)
  tBereich := 0..2*Pi:        # Variationsbereich f"ur t
  Optionen := numpoints=180:  # Optionen f"ur die Zeichnung
> Punktekurve(fx,fy,tBereich,Optionen);
```

$$fx := t \to \cos(3\,t)$$

$$fy := t \to .7\sin(t)$$

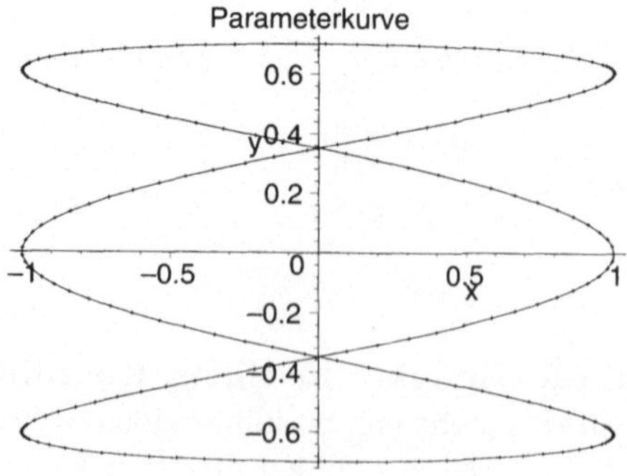

3. Gleichungen und Ungleichungen

3.1 Darstellung von Funktionsgleichungen der Form $f(x) = g(x)$

Autor: Matthias Hainz

Dieser Abschnitt beschreibt die Prozedur *visual_solve*, die Funktionsgleichungen der Form $f(x) = g(x)$ in einem vorgegebenen Bereich löst. Es wird aber nicht nur die Lösungsmenge berechnet, sondern die Funktionen auch graphisch dargestellt. Die Prozedur sucht nach Schnittpunkten in dem angegebenen Bereich und erzeugt ein Schaubild mit den beiden Funktionen. Die gefundenen reellen bzw. die komplexen Lösungen werden in Mengenklammer angegeben. Wird kein Bereich spezifiziert, dann erfolgt die Skalierung so, dass die gefundenen Schnittpunkte ebenfalls dargestellt werden.

Polynomgleichung: Der Beispielaufruf erfolgt im Falle einer Gleichung, bei der die Bereichsgrenzen angegeben sind, durch:

```
> with(vis_solv):
> visual_solve(x^2+6*x=3*x, x=-4..2);
```

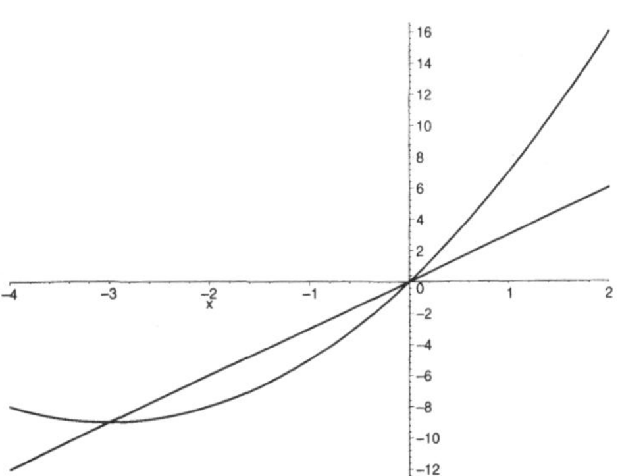

$$x^2 + 6\,x = 3\,x$$

Im angegebenen Bereich wurde folgende Lösung gefunden $: \{0, -3.\}$

Info: Diese Arbeit wurde gefördert durch ein Projekt aus dem Förderprogramm „Leistungsanreize in der Lehre (LARS)" des Ministeriums für Wissenschaft und Forschung, Baden-Württemberg, 1998/99.

Weitere Themen auf der CD: Betragsgleichungen; Exponentialgleichungen; Wurzelgleichungen; Nullstellenprobleme.

3.2 Berechnung und graphische Darstellung von Ungleichungen

Autoren: Matthias Hainz, Thomas Westermann

Ungleichungen der Form $f(x)\,\{<,\le,>,\ge\}\,g(x)$ löst die Prozedur ***ungleichung*** mit dem Maple-Befehl ***solve***. Es wird sowohl der Lösungsbereich angegeben als auch das Ergebnis visualisiert. Zur graphischen Darstellung wird eine weitere Prozedur ***visual_range*** verwendet, welche die Lösungsintervalle auf der x-Achse markiert. Wird kein Bereich spezifiziert, dann erfolgt die Skalierung so, dass die gefundenen Intervalle angegeben werden.

Polynomungleichung: Der Beispielaufruf der Prozedur erfolgt für eine Polynomungleichung bei der die Intervallgrenzen nicht angegeben sind. Dann hat der Aufruf die gleichen Argumente wie der ***solve***-Befehl:

```
> ungleichung(x^2+6*x>3*x, x);
```

$$3\,x < x^2 + 6\,x$$

$$\mathrm{RealRange}(-\infty,\,\mathrm{Open}(-3)),\ \mathrm{RealRange}(\mathrm{Open}(0),\,\infty)$$

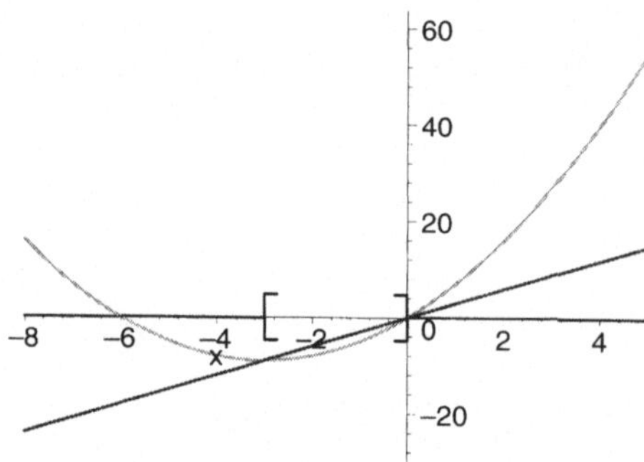

Die Lösungsmenge ist das offene Intervall $(-\infty, -3)$ vereinigt mit $(0, \infty)$. Intervalle werden in Maple mit *RealRange* bezeichnet. Liegt eine offene Intervallgrenze vor, dann wird dies mit *Open* gekennzeichnet.

Die folgende Ungleichung ist ein Beispiel, bei dem der **solve**-Befehl keine Lösung findet.

```
> ungleichung(x^7>0, x);
```

Der MAPLE − Befehl solve bringt folgende Fehlermeldung :

```
Error, (in ungleichung) cannot handle intervals, use solve over name
sets
```

Nun ein Beispiel für den Aufruf der Prozedur **ungleichung**, bei dem weitere **plot**-Parameter spezifiziert werden.

```
>   ungleichung((x+10)*(x+1)*(x-10)<=0,x,color=[green,cyan]);
```

$$(x + 10)\,(x + 1)\,(x - 10) \le 0$$

$$\mathrm{RealRange}(-\infty,\, -10),\ \mathrm{RealRange}(-1,\, 10)$$

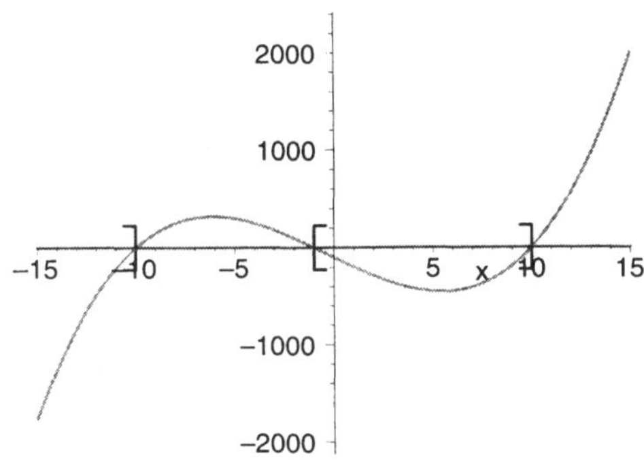

Die Lösungsmenge ist das halboffene Intervall $(-\infty, -10]$ vereinigt mit dem abgeschlossenen Intervall $[-1, 10]$.

Info: Diese Arbeit wurde gefördert durch ein Projekt aus dem Förderprogramm „Leistungsanreize in der Lehre (LARS)" des Ministeriums für Wissenschaft und Forschung, Baden-Württemberg, 2000.

Weitere Themen auf der CD-ROM: Ungleichungen mit Punktlösungen, Ungleichungen ohne exakt darstellbare Lösung.

4. Vektoren / Ebenen / Geraden

4.1 Graphische Darstellung von Vektoren und der Vektorrechnung

Autor: Thomas Westermann

In diesem Abschnitt werden Vektoren im $\mathbb{R}^2$ und $\mathbb{R}^3$ graphisch dargestellt und die elementaren Rechenoperationen (Addition, Subtraktion, Projektion eines Vektors $\vec{b}$ in Richtung $\vec{a}$, Vektorprodukt im $\mathbb{R}^3$) mit Vektoren visualisiert. Bis auf den Fall des Vektorproduktes, das ja nur für den $\mathbb{R}^3$ definiert ist, stehen immer eine zweidimensionale und eine dreidimensionale Version der entsprechenden Prozeduren zur Verfügung, die sich in der Endung durch **2d** oder **3d** unterscheiden. Grundlegend für alle Darstellungen sind die Prozeduren **arrow2d** und **arrow3d**, die skalierbare Vektorpfeile zwischen zwei Punkten zeichnen.

Darstellung von Vektoren im $\mathbb{R}^2$ und $\mathbb{R}^3$: Unter Vektoren versteht man Größen, die durch Angabe von Maßzahl und Richtung vollständig beschrieben sind. Ein 2- oder 3-dimensionaler Vektor ist durch einen Pfeil graphisch in einem Koordinatensystem darstellbar. Der dreidimensionale Vektor wird mit Hilfe der Prozedur **Linkom3d** durch die Linearkombination der drei Einheitsvektoren $a_x\,\vec{e_x} + a_y\,\vec{e_y} + a_z\,\vec{e_z}$ dargestellt.

```
>   with(vektoren):
>   Linkom3d([1,2,1]);
```

3D-Darstellung !

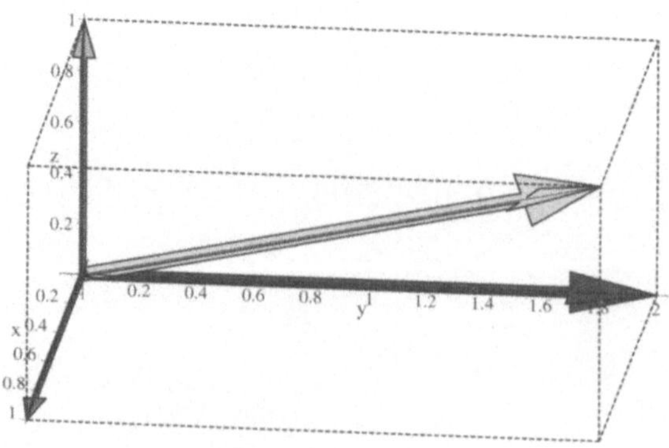

Darstellung von [1, 2, 1]

Darstellung der Addition von Vektoren: Zwei Vektoren $\vec{a}$ und $\vec{b}$ werden geometrisch addiert, indem der Vektor $\vec{b}$ parallel zu sich selbst verschoben wird, bis sein Anfangspunkt in den Endpunkt des Vektors $\vec{a}$ fällt. Der vom Anfangspunkt des Vektors $\vec{a}$ zum Endpunkt des verschobenen Vektors $\vec{b}$ gerichtete Vektor ist der Summenvektor. Die Prozedur **Add3d** addiert zwei dreidimensionale Vektoren geometrisch im $\mathbb{R}^3$.

```
>   Add3d([2,1,3],[3,5,3]);
```

3D-Darstellung !

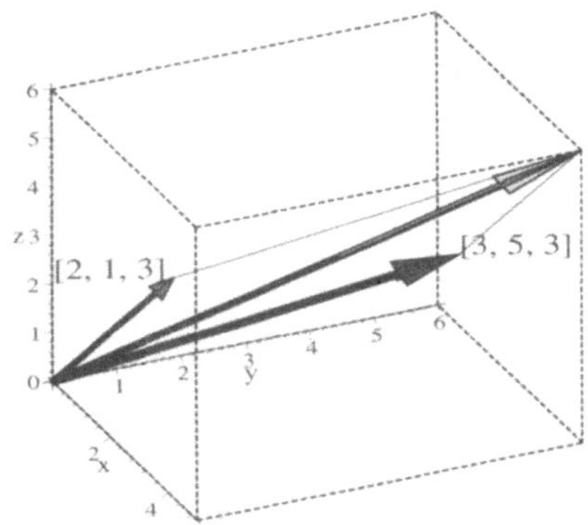

Darstellung der Subtraktion von Vektoren: Unter dem Differenzvektor $\vec{d} = \vec{a} - \vec{b}$ zweier Vektoren $\vec{a}$ und $\vec{b}$ versteht man den Summenvektor aus $\vec{a}$ und $-\vec{b}$, wobei $-\vec{b}$ der zu $\vec{b}$ inverse Vektor ist, d.h. der Vektor $\vec{b}$ wird zunächst in seiner Richtung umgekehrt. Die Darstellung der Subtraktion zweier zweidimensionaler Vektoren erfolgt durch die Prozedur **Sub2d**.

```
>   Sub2d([4,4],[-5,5]);
```

Darstellung der Projektion eines Vektors $\vec{b}$ in Richtung $\vec{a}$: Unter der Projektion des Vektors $\vec{b}$ auf den Vektor $\vec{a}$ versteht man den Vektor

$$\vec{b_{\vec{a}}} = \frac{\vec{a} \cdot \vec{b}}{|\vec{a}|^2} \cdot \vec{a}$$

wobei $\vec{b_{\vec{a}}}$ der projizierte Vektor, $\vec{a} \cdot \vec{b}$ das Skalarprodukt von Vektor $\vec{a}$ mit $\vec{b}$, $|\vec{a}|^2$ das Betragsquadrat von Vektor $\vec{a}$ ist. Die Prozedur ***Projek2d*** bildet die Projektion des Vektors $\vec{b}$ auf den Vektor $\vec{a}$ im $\mathbb{R}^2$.

```
> Projek2d([2,5],[6,1]);
```

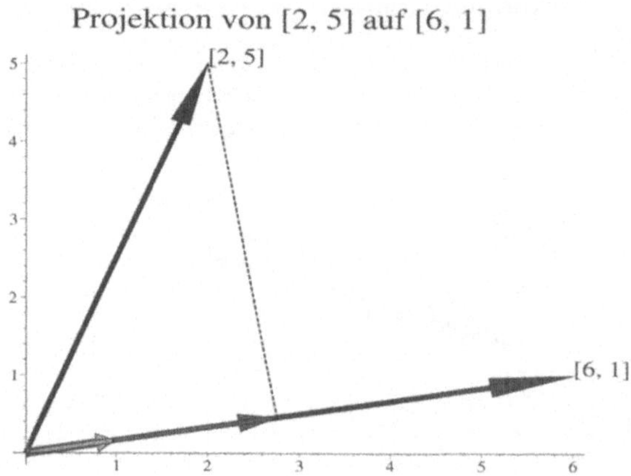

Darstellung des Vektorproduktes (Kreuzproduktes): Unter dem Vektorprodukt $\vec{c} = \vec{a} \times \vec{b}$ zweier Vektoren $\vec{a}$ und $\vec{b}$ versteht man den eindeutig bestimmten Vektor mit den folgenden Eigenschaften:

1. $\vec{c}$ ist sowohl zu $\vec{a}$ als auch zu $\vec{b}$ orthogonal, d.h. es gilt:
$$\vec{c} \cdot \vec{a} = \vec{c} \cdot \vec{b} = 0$$

2. Der Betrag von $\vec{c}$ ist gleich dem Produkt aus den Beträgen der Vektoren $\vec{a}$ und $\vec{b}$ und dem Sinus des von ihnen eingeschlossenen Winkels Φ. Es gilt:
$$|\vec{c}| = |\vec{a}| \cdot |\vec{b}| \cdot \sin \Phi$$

3. Die Vektoren $\vec{a}$, $\vec{b}$, $\vec{c}$ bilden in dieser Reihenfolge ein rechtshändiges System.

Die Darstellung des Vektorproduktes erfolgt durch die Prozedur **Vecprod**.

```
> Vecprod([1,-1,0],[0.5,0.5,-0.5]);
```

3D-Darstellung !

Vektorprodukt von $[1, -1, 0]$ mit $[.5, .5, -.5]$

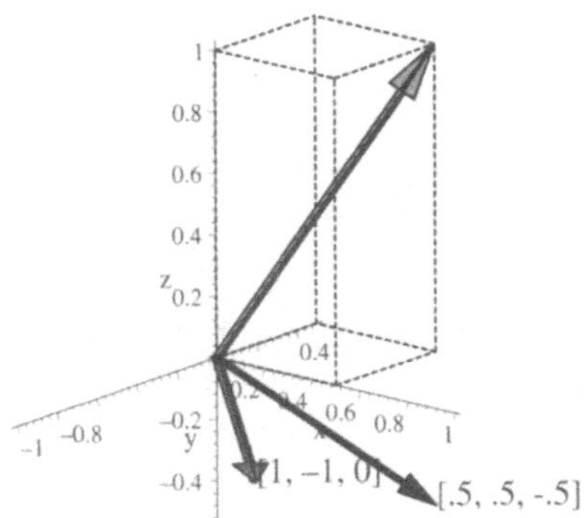

Info: Die Idee für diese Ausarbeitung entstand im Rahmen eines Projektes im Studiengang Sensorsystemtechnik an der Fachhochschule Karlsruhe im WS 1998/99. Das ursprüngliche Projekt wurde von *Carsten Klewitz* und *Matthias Kienzler* bearbeitet.

Weitere Themen auf der CD: Die Prozeduren **arrow2d** und **arrow3d**; Darstellung zweier Vektoren im $\mathbb{R}^2$ und $\mathbb{R}^3$.

4.2 Graphische Darstellung von Geraden und Ebenen im Raum

Autor: Thomas Westermann

In diesem Abschnitt werden Geraden im $\mathbb{R}^2$ und $\mathbb{R}^3$ sowie Ebenen im $\mathbb{R}^3$ graphisch dargestellt. Bei den Geraden wird sowohl die 2-Punkte-Form als auch die Punkt-Richtungs-Form realisiert. Auch hier stehen immer eine zweidimensionale und eine dreidimensionale Version der entsprechenden Prozeduren zur Verfügung, die sich in der Endung durch **2d** oder **3d** unterscheiden. Im Falle der Darstellung der Ebenen wird sowohl die 3-Punkte-Form als auch die Punkt-Richtungs-Form realisiert.

Darstellung von Geraden im $\mathbb{R}^2$ und $\mathbb{R}^3$: Man unterscheidet zwei unterschiedliche Darstellungsformen von Geraden:

1. Bei der *2-Punkte-Form* einer Geraden werden zwei Punkte der Geraden spezifiziert (z.B. p_1, p_2), dann lassen sich alle Punkte der Geraden beschreiben durch:
$$g : \vec{x} = \vec{p}_1 + \lambda\,(\vec{p}_2 - \vec{p}_1).$$
Dabei ist λ eine beliebige reelle Zahl.

2. Bei der *Punkt-Richtungs-Form* einer Geraden werden ein Punkt (der Aufpunkt) und ein Richtungsvektor $\vec{a}$ vorgegeben. Dann lassen sich alle Punkte der Geraden darstellen durch:
$$g : \vec{x} = \vec{p}_1 + \lambda\,\vec{a} \quad \text{mit } \lambda \in \mathbb{R}.$$

Mit Hilfe der Prozedur **Gerade_punkt_richtung_2d** wird eine Gerade im $\mathbb{R}^2$ über die Punkt-Richtungs-Form festgelegt und zweidimensional graphisch dargestellt. Der erste Vektor gibt den Aufpunkt und der zweite den Richtungsvektor an.

```
> Gerade_punkt_richtung_2d([1,1],[1,0.2]);
```

Punkt-Richtungs-Form einer Geraden

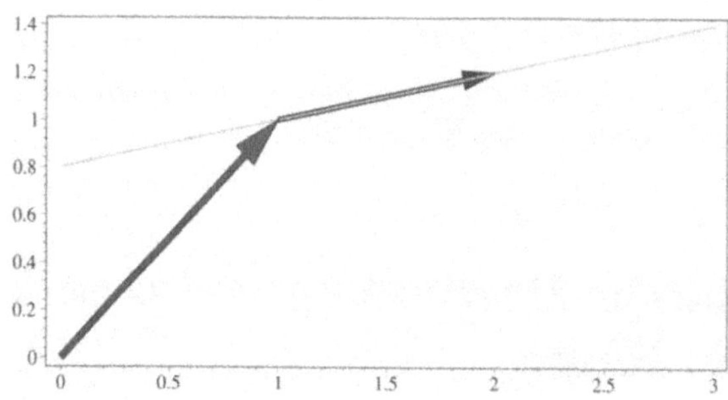

Die Prozedur **Gerade_punkt_punkt_3d** legt eine Gerade im $\mathbb{R}^3$ über die 2-Punkte-Form fest und stellt sie dreidimensional graphisch dar.

```
> Gerade_punkt_punkt_3d([0,2,2],[5,4,1]);
```

3D-Darstellung !

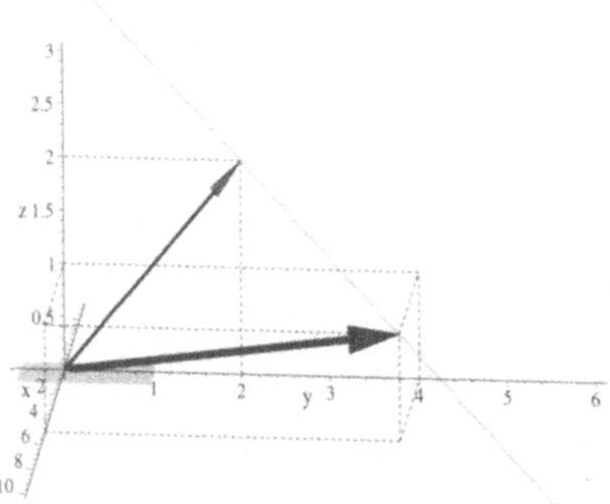

Darstellung von Ebenen im $\mathbb{R}^3$: Man unterscheidet zwei unterschiedliche Darstellungsformen von Ebenen:

1. Bei der *3-Punkte-Form* einer Ebene werden 3 Punkte dieser Ebene spezifiziert(z.B. p_1, p_2, p_3), dann lassen sich alle Punkte der Ebene beschreiben durch:
$$E : \vec{x} = \vec{p_1} + \lambda\,(\vec{p_2} - \vec{p_1}) + \tau\,(\vec{p_3} - \vec{p_1}).$$
Dabei sind λ und τ beliebige reelle Zahlen.

2. Bei der *Punkt-Richtungs-Form* einer Ebene werden ein Punkt (der Aufpunkt) und zwei Richtungsvektoren $\vec{a}$ und $\vec{b}$ vorgegeben. Dann lassen sich alle Punkte der Ebene darstellen durch:
$$E : \vec{x} = \vec{p_1} + \lambda\,\vec{a} + \tau\,\vec{b} \quad \text{mit } \lambda, \tau \in \mathbb{R}.$$

Die Ebene wird mit Hilfe der Prozedur ***Ebene_3punkt*** über die 3-Punkte-Form festgelegt und dreidimensional graphisch dargestellt.

```
> Ebene_3punkt([3,1,3],[3,3,1],[2,1,2]);
```

3D-Darstellung !

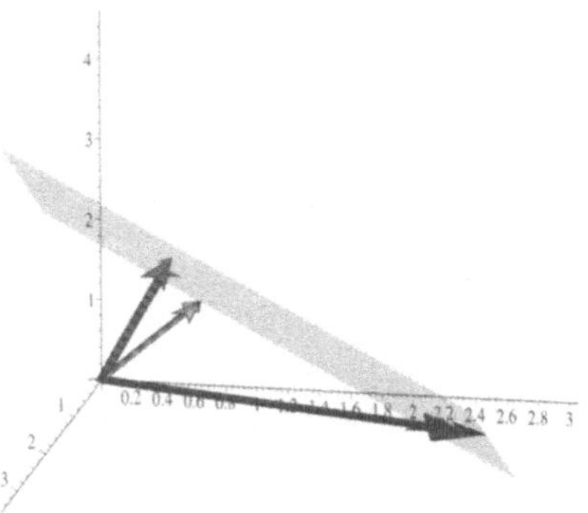

Mittels der Prozedur *Ebene_punkt_richtung* wird eine Ebene über die Punkt-Richtungs-Form festgelegt und dreidimensional graphisch dargestellt. Der erste Vektor gibt den Aufpunkt und die beiden folgenden Vektoren geben die Richtungsvektoren an.

```
> Ebene_punkt_richtung([1,0.2,1],[1,0,0],[0,1,0.2]);
```

3D-Darstellung !

Punkt-Richtungs-Form einer Ebene

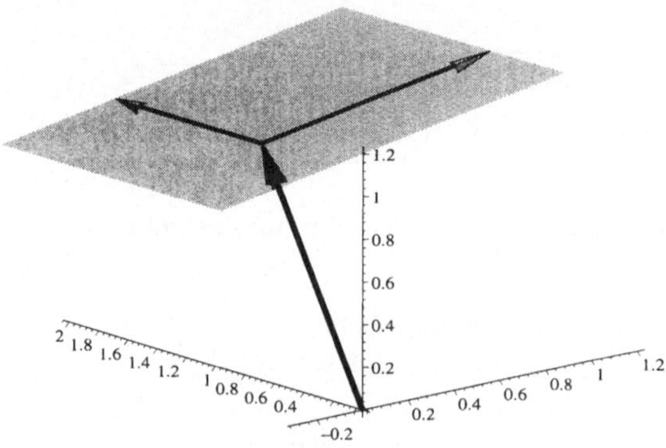

Weitere Themen auf der CD: Darstellung von Geraden im $\mathbb{R}^2$ (2-Punkte-Form) und im $\mathbb{R}^3$ (Punkt-Richtungs-Form).

5. Analytische Geometrie

5.1 Punkte, Geraden und Ebenen

Autor: Michael Laule

Diese Sammlung von Prozeduren behandelt Punkte, Geraden, Ebenen und ihre gegenseitige Lage im Raum. In jeder der Animationsgraphiken werden – im übertragenen Sinne – einzelne Bilder oder besser Folien aufeinandergelegt, um so die räumliche Anschauung der gesamten Figur schrittweise aufzubauen. In der Regel werden zuerst Punkte, dann entsprechende Stütz- und Spann- bzw. Richtungsvektoren visualisiert. Anschließend erfolgt die Darstellung von Geraden- und Ebenenausschnitten. Unterstützen lassen sich diese Visualisierungen durch das Drehen der Graphiken mittels Mauszeiger nach jeder „aufgelegten Folie". Koordinaten-, Abstands- und Winkelberechnungen vervollständigen die Schrägbilddarstellungen. Bei manchen Plots wird aus Darstellungsgründen auf gleiche Längeneinheiten verzichtet. Das Umschalten auf diese ist bei Bedarf durch Betätigen der 1:1 - Schaltfläche in der zweiten Symbolleiste der Plots möglich. Bei den Prozeduren *Gerade_Gerade*, *Ebene_Gerade* und *Ebene_Ebene* erlaubt der letzte Parameter z eine Einflussnahme auf die Größe der zu zeichnenden Geraden- und Ebenenausschnitte. Schreibt man z.B. als Geradengleichung $g : \vec{x} = \vec{p_1} + r\,(\vec{p_2} - \vec{p_1})$ mit $r \in \mathbb{R}$, so wird die Gerade im Bereich $-z \leq r \leq z + 1$ gezeichnet.

Gegenseitige Lage zweier Geraden: Die Prozedur *Gerade_Gerade* erzeugt im Schrägbild je einen Ausschnitt der Geraden $g_1 = (P_1\,P_2)$ und $g_2 = (P_3\,P_4)$. Zur Visualisierung des Abstandes beider Geraden wird ein Ausschnitt der Ebene, welche g_1 enthält und parallel zu g_2 verläuft, dargestellt und das Lot von g_2 auf diese Ebene gefällt. Sofern vorhanden werden die Koordinaten des Schnittpunktes und die Größe des Schnittwinkels der Geraden ausgegeben. Ansonsten wird der Abstand beider Geraden bestimmt.

Eingabe der Geraden g_1 und g_2:

```
>  P1:=[3,-1,4]: P2:=[2,1,5]: P3:=[-1,0,2]: P4:=[1,3,1]:
>  z:=0.5:   # Groesse des Zeichenausschnitts
>  Gerade_Gerade(P1,P2,P3,P4,z);
```

$$\textit{Abstand der Geraden}:$$
$$d(g1, g2) = \frac{7}{3}\sqrt{3}$$

animierte 3D-Darstellung!

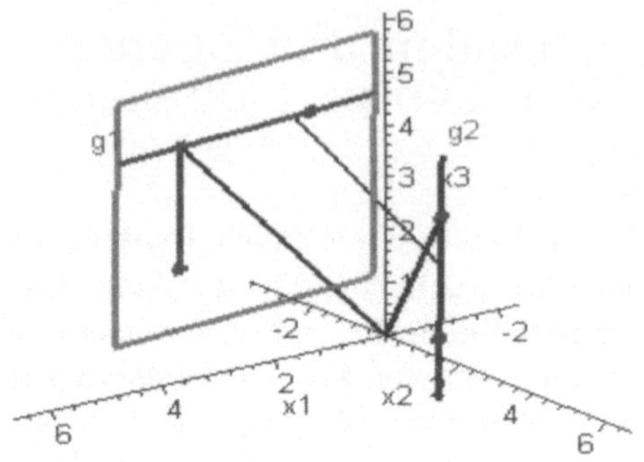

Gegenseitige Lage von Gerade und Ebene: Die Prozedur *Ebene-_Gerade* erzeugt im Schrägbild je einen Ausschnitt der Ebene $E = (P_1, P_2, P_3)$ und der Geraden $g = (P_4, P_5)$. Die gegenseitige Lage beider Objekte kann dadurch veranschaulicht werden.

Eingabe der Ebene E und der Geraden g:

```
>   P1:=[3,3,3]:P2:=[5,3,3]:P3:=[4,-1,5]:P4:=[5,-2,2]:P5:=[5,5,8]:
>   z:=0.5:    # Groesse des Zeichenausschnitts
>   Ebene_Gerade(P1,P2,P3,P4,P5,z);
```

animierte 3D-Darstellung!

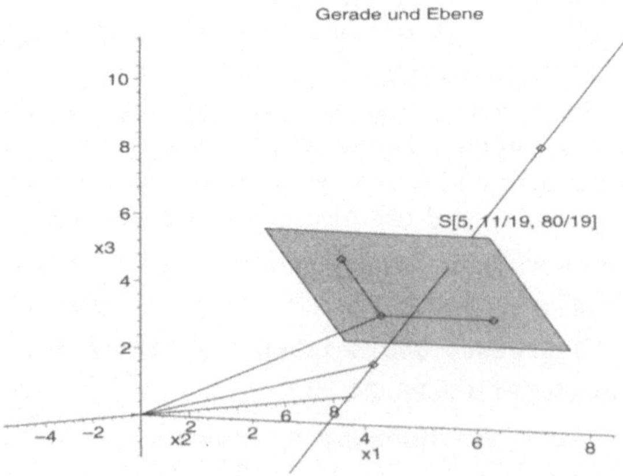

Gegenseitige Lage zweier Ebenen: Die Prozedur *Ebene_Ebene* erzeugt im Schrägbild je einen Ausschnitt der Ebenen $E_1 = (P_1, P_2, P_3)$ und $E_2 = (P_4, P_5, P_6)$ sowie – sofern vorhanden – einen Ausschnitt der Schnittgeraden beider Ebenen.

Eingabe der Ebenen E_1 und E_2:

```
>  P1:=[0,0,0]: P2:=[0,1,0]: P3:=[0,0,1]:
   P4:=[1,1,0]: P5:=[-1,1,0]: P6:=[0,0,1]:

>  z:=0.5:    # Groesse des Zeichenausschnitts

>  Ebene_Ebene(P1,P2,P3,P4,P5,P6,z);
```

animierte 3D-Darstellung!

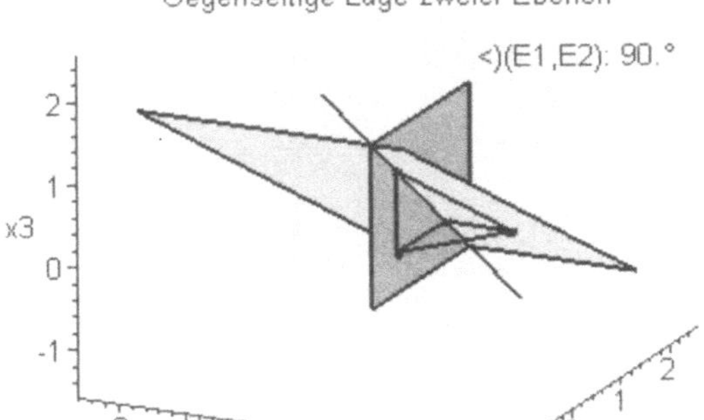

Weitere Themen auf der CD: Zu Beginn des Arbeitsblattes liefern die Prozeduren *Ortsvektor*, *Schwerpunkt* (eines Dreiecks) und *Seitenmittenviereck* je eine Visualisierung der entsprechenden Sachverhalte.

5.2 Kugeln und Ebenen

Autor: Michael Laule

Schnitt zweier Kugeln: Den Schnitt zweier Kugeln visualisiert die Prozedur *Kugeln*, gleichzeitig liefert sie die Gleichung der Schnittkreisebene, Mittelpunktskoordinaten des Schnittkreises sowie dessen Radius.

```
>  M1:=[2,-2,3]:  r1:=6:

>  M2:=[1,5,4]:  r2:=5:

>  Kugeln(M1,r1,M2,r2);
```

$$\text{Gleichung der Schnittkreisebene}:$$
$$-x_1 + 7\,x_2 + x_3 - 18 = 0$$
$$\text{Mittelpunkt des Schnittkreises}:$$
$$M'\left[\frac{71}{51}, \frac{115}{51}, \frac{184}{51}\right]$$

$$Radius\ des\ Schnittkreises:$$
$$r' = \frac{5}{51}\,\sqrt{1785}$$

animierte 3D-Darstellung !

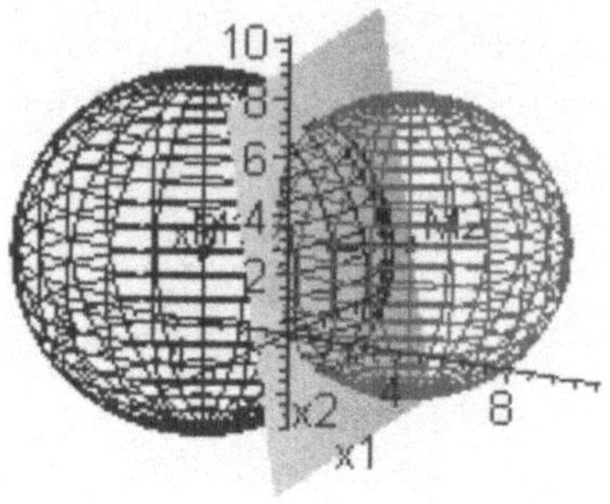

Weitere Themen auf der CD: Die Prozedur *Kugel_Ebene1* erzeugt eine Kugel $k(M, r)$ und einen Ausschnitt der Tangentialebene in einem Punkt B der Kugel samt Gleichung.

5.3 Tangentialebenen mit Bedingungen

Autor: Michael Laule

Die Visualisierung von Schnittkreis und Tangentialebenen sind Inhalte der nachfolgenden zwei Prozeduren. Zusätzlich werden die entsprechenden Ebenengleichungen, Koordinaten der Punkte und Radius des Schnittkreises berechnet und die Ergebnisse vor den 3D-Darstellungen ausgegeben.

Tangentialebenen parallel zu einer gegebenen Ebene: Die Prozedur *Kugel_Ebene2* erzeugt eine Kugel $k(M, r)$ und Ausschnitte der Tangentialebenen parallel zu einer vorgegebenen Ebene $E = (ABC)$ samt Gleichungen. Eingabe der Kugel k und der Ebene E:

```
>  M:=[2,5,-1]:  r:=2:
>  A:=[0,0,5]:  B:=[-2,1,0]:  C:=[0,1,3]:
```

```
> Kugel_Ebene2(M,r,A,B,C);
```

$$\textit{Koordinaten der Ber\"uhrpunkte}:$$

$$B1 \left[2 + \frac{6}{29}\sqrt{29},\; 5 - \frac{8}{29}\sqrt{29},\; -1 - \frac{4}{29}\sqrt{29}\right]$$

$$B2 \left[2 - \frac{6}{29}\sqrt{29},\; 5 + \frac{8}{29}\sqrt{29},\; -1 + \frac{4}{29}\sqrt{29}\right]$$

$$\textit{Gleichungen der Tangentialebenen}:$$

$$3\,x_1 - 4\,x_2 - 2\,x_3 + 12 - 2\sqrt{29} = 0$$

$$3\,x_1 - 4\,x_2 - 2\,x_3 + 12 + 2\sqrt{29} = 0$$

$$\textit{Radius des Schnittkreises}:$$

$$r' = \frac{4}{29}\sqrt{7}\sqrt{29}$$

$$\textit{Mittelpunkt des Schnittkreises}:$$

$$M' \left[\frac{64}{29},\; \frac{137}{29},\; \frac{-33}{29}\right]$$

animierte 3D-Darstellung !

Tangentialebenen parallel zu einer gegebenen Ebene

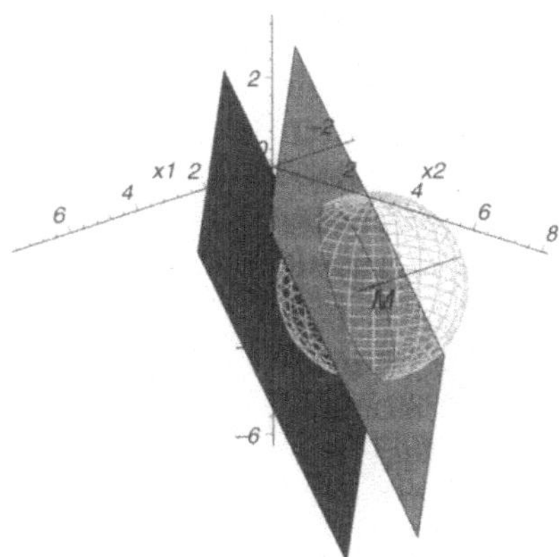

Tangentialebenen durch eine gegebene Gerade: Die Prozedur ***Kugel_Ebene3*** erzeugt eine Kugel $k(M,r)$ und die Tangentialebenen durch die Gerade $g = (PQ)$ samt Gleichungen. Als Ausschnitte der Ebenen werden Quadrate der Seitenlänge $2\,z\,r$ mit dem jeweiligen Berührpunkt als Diagonalenschnittpunkt gezeichnet, wobei z dem letzten Parameter beim Prozeduraufruf und r dem Kugelradius entspricht.

```
> M:=[1,2,0]: r:=3: P:=[3,2,5]: Q:=[6,2,-1]:
```

```
>  z:=2:    # Groesse der Ebenenausschnitte
>  Kugel_Ebene3(M,r,P,Q,z);
```

Koordinaten der Berührpunkte :

B1 [3, 0, 1]

B2 [3, 4, 1]

Gleichungen der Tangentialebenen :

$$\frac{2}{3}\,x_1 - \frac{2}{3}\,x_2 + \frac{1}{3}\,x_3 - \frac{7}{3} = 0$$

$$-\frac{2}{3}\,x_1 - \frac{2}{3}\,x_2 - \frac{1}{3}\,x_3 + 5 = 0$$

animierte 3D-Darstellung !

Tangentialebenen durch eine gegebene Gerade g=(PQ)

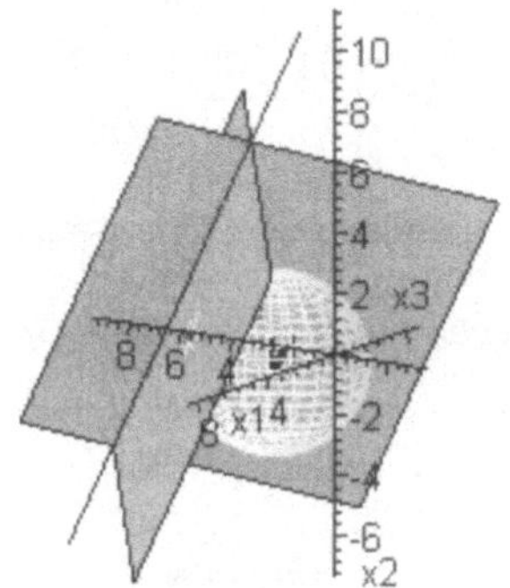

5.4 Kugeln und Geraden

Autor: Michael Laule

Schnittpunkte einer Geraden mit einer Kugel: Nach Übergabe der aktuellen Parameter zeichnet die Prozedur ***Kugel_Gerade1*** in einer Bildfolge ein Drahtgittermodell der Kugel $k(M,r)$ samt Mittelpunkt, einen Ausschnitt der Geraden $g = (PQ)$ sowie die Schnittpunkte bzw. den Berührpunkt von Gerade und Kugel.

```
>  M:=[2,-1,5]: r:=6: P:=[3,-9,10]: Q:=[4,5,9]:
>  z:=0.2:   # Groesse des Geradenausschnitts
```

```
>  Kugel_Gerade1(M,r,P,Q,z);
```

$$Schnittpunkte:$$

$$S_1 \left[\frac{355}{99} + \frac{1}{99}\sqrt{691},\ -\frac{79}{99} + \frac{14}{99}\sqrt{691},\ \frac{932}{99} - \frac{1}{99}\sqrt{691} \right]$$

$$S_1\,[3.86,\,2.91,\,9.14]$$

$$S_2 \left[\frac{355}{99} - \frac{1}{99}\sqrt{691},\ -\frac{79}{99} - \frac{14}{99}\sqrt{691},\ \frac{932}{99} + \frac{1}{99}\sqrt{691} \right]$$

$$S_2\,[3.32,\,-4.51,\,9.68]$$

animierte 3D-Darstellung !

Schnittpunkte einer Geraden mit einer Kugel

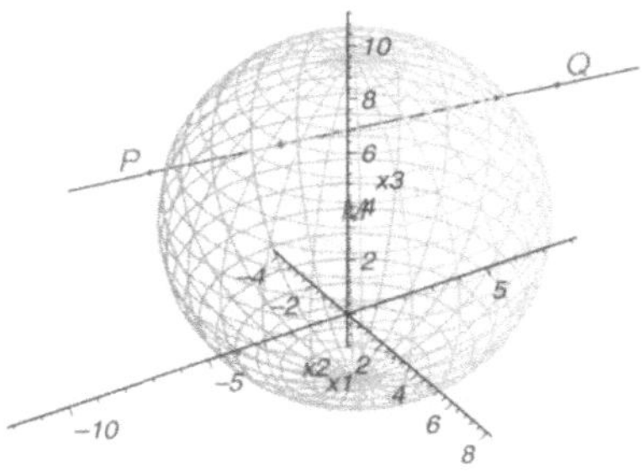

Berührkreis und Tangentialkegel: Die Prozedur *Kugel_Gerade2* erzeugt eine Kugel $k(M,r)$ und den Tangentialkegel an k mit der Spitze P. Die
Koordinatengleichung der Berührkreisebene, die Koordinaten des Berühr-
kreismittelpunktes und der Berührkreisradius werden ausgegeben.

```
>  M:=[4,5,3]:r:=3:P:=[7,3,4]:
```

```
>  z:=1.5:   # Groesse der Tangentenausschnitte
```

```
>  Kugel_Gerade2(M,r,P,z);
```

$$Ber\ddot{u}hrkreisebene:$$

$$3\,x_1 - 2\,x_2 + x_3 - 14 = 0$$

$$Ber\ddot{u}hrkreismittelpunkt:$$

$$M' \left[\frac{83}{14},\, \frac{26}{7},\, \frac{51}{14} \right]$$

$$Ber\ddot{u}hrkreisradius:$$

$$r' = \frac{3}{14}\sqrt{70}$$

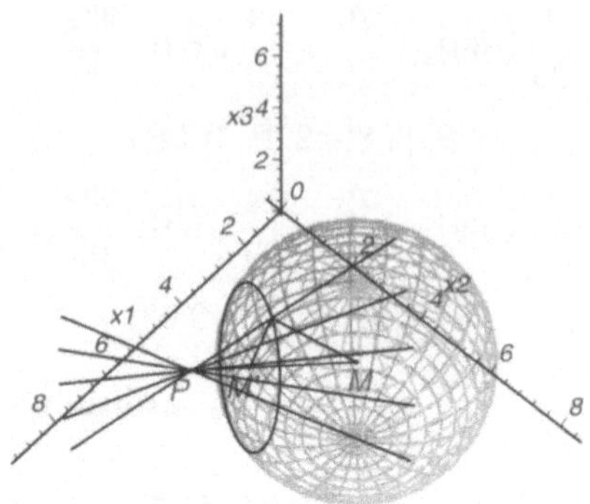

5.5 Kegelschnitte

Autor: Eberhard Endres

Dieses Worksheet stellt einige kleine Routinen zur Verfügung, die gewisse Eigenschaften der Kegelschnitte verdeutlichen helfen. In den ersten beiden Teilen dieses Worksheets werden die Kegelschnitte Ellipse und Parabel in einer 3D-Darstellung graphisch visualisiert. In den nächsten beiden Menüpunkten wird die Brennpunktseigenschaft der Parabel bzw. Ellipse über eine Animation graphisch veranschaulicht. Anschließend wird die Gärtnerkonstruktion in einer Animation nachvollzogen. Die nächsten beiden Punkte beschäftigen sich mit der Leitgeradeneigenschaft der Parabel; zunächst wird diese Leitgerade zusammen mit einem Punkt und die zugehörige Parabel graphisch dargestellt, anschließend wird die Konstruktion von Parabelpunkten über die Leitgeradeneigenschaft über eine Animation graphisch nachvollzogen. Der letzte Abschnitt erstellt eine Animation zur Konstruktion von Ellipsentangenten (als Winkelhalbierende zwischen den Brennstrahlen).

Räumliche Darstellung eines Kegelschnitts (Ellipse): Die Prozedur *ellbild* zeichnet in dreidimensionaler Animation das Bild eines Kegels, der von einer Ebene so geschnitten wird, dass als Schnittkurve eine Ellipse entsteht. Die Anzahl der zu zeichnenden Bildpunkte ist frei wählbar; je größer die Zahl der Bildpunkte umso besser die Auflösung des Bildes, umso länger jedoch auch der Bildaufbau!

```
> Bilder:=15:  # Anzahl zu zeichnender Bilder
```

```
> ellbild(Bilder);
```

3D-Animation !

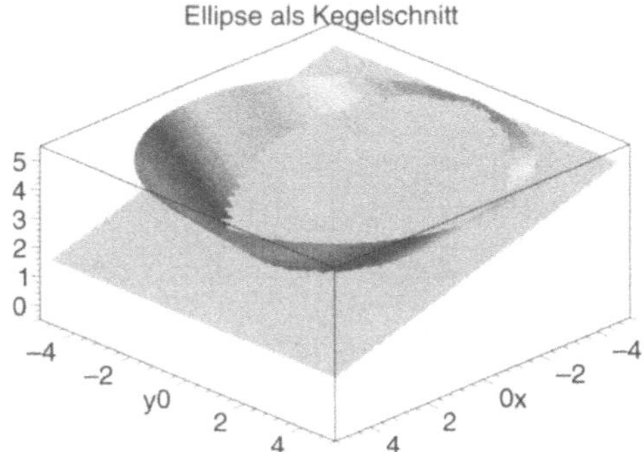

Visualisierung der Brennpunktseigenschaft der Ellipse: Mit Hilfe der
Prozedur *brennell* werden eine Ellipse, von einem Brennpunkt ausgehende
Strahlen und deren Reflexionsstrahlen an der Parabel graphisch dargestellt.

```
>   k        :=3/5:# Form der Ellipse ( = b/a )
    Strahlen:=18: # Anzahl der Strahlen
    Dicke   :=2:  # Liniendicke der Strahlen
> brennell(k,Strahlen,Dicke);
```

Animation !

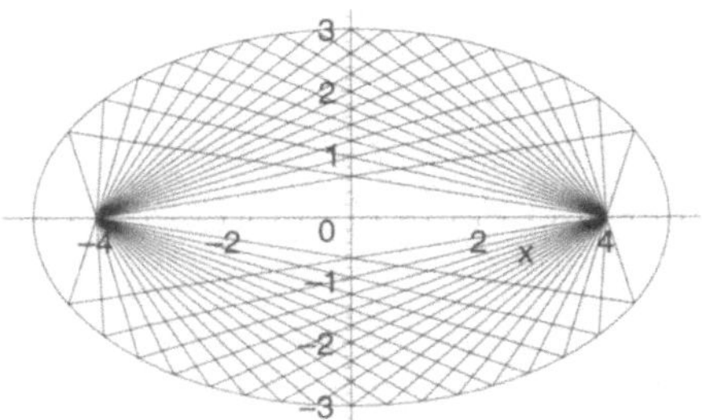

Visualisierung der Gärtnerkonstruktion: Die Prozedur *gaertner* zeichnet in einer Animation die Gärtner-Konstruktion einer Ellipse nach.

```
> Bilder := 100:   # Anzahl der Schritte fuer einen Umlauf
```

```
> gaertner(Bilder);
```

Animation !

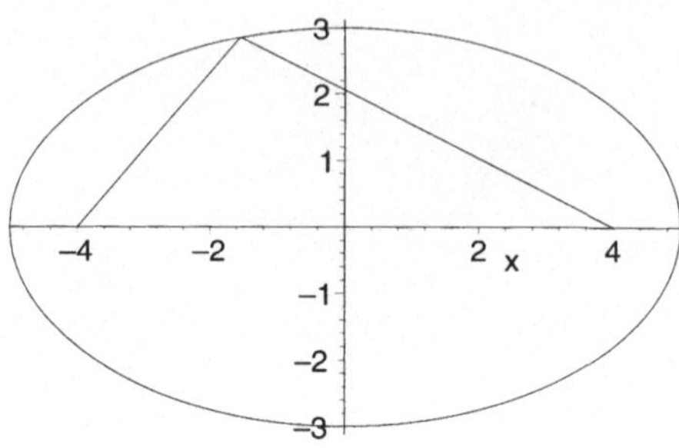

Parabel als geometrischer Ort gleicher Abstände zu einem Punkt und einer Geraden: Mit der Prozedur *Leitgerade* wird nach Übergabe einer Geraden (als Funktion) sowie eines Punktes die Parabel als diejenige Punktmenge mit gleichem Abstand zu diesen beiden Objekten erzeugt und in einem Schaubild dargestellt.

```
> Gerade := x-> 2*x+10:  # Gerade (als Funktion)
  Punkt  := [0,0]:        # Punkt

> Leitgerade (Gerade,Punkt,view=[-10..10,-10..10]);
```

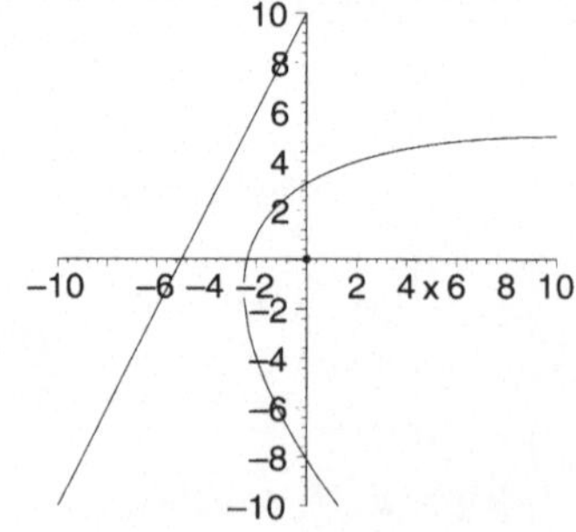

Visualisierung der Leitgeraden bei der Parabel: Auf einer Parabel liegen alle Punkte, die von einem gegebenen Punkt F (Brennpunkt) und einer Geraden g (Leitgerade) den gleichen Abstand haben. Die Prozedur *anileitg* stellt diesen Sachverhalt in einer kleinen Animation dar.

```
> a := 1/8:      # Parameter fuer die Parabel
  n := 50:       # Anzahl Bilder fuer die Animation
```

```
>  anileitg ( a, n , color=[blue,red,black,maroon,brown]);
```

Animation !

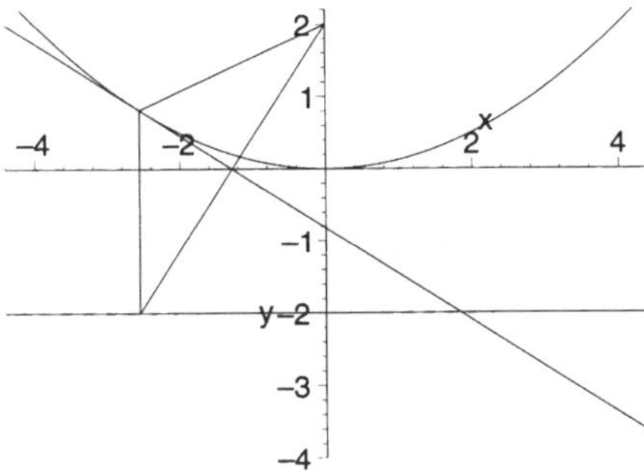

Visualisierung der Tangenteneigenschaft bei der Ellipse: Legt man die Tangente an eine Ellipse, dann ist diese Winkelhalbierende der beiden Geraden durch den Berührpunkt und einen Brennpunkt. Diese Eigenschaft kann man zur Konstruktion von Ellipsentangenten ausnutzen: Man trägt von einem Brennpunkt F_1 aus eine Strecke der Länge 2a ab. Die Mittelsenkrechte der Strecke mit den Endpunkten F_2 und dem Ende der abgetragenen Strecke ist dann eine Tangente an die Ellipse.

Die Prozedur *anielli* visualisiert diese Eigenschaft der Ellipsentangente.

```
>  a:=5: b:=3:      # Halbachsen der Ellipse ( b < a )
   n:=50:           # Anzahl Bilder fuer die Animation
>  anielli(a,b,n,color=[black,black,red,red,blue,maroon]);
```

Animation !

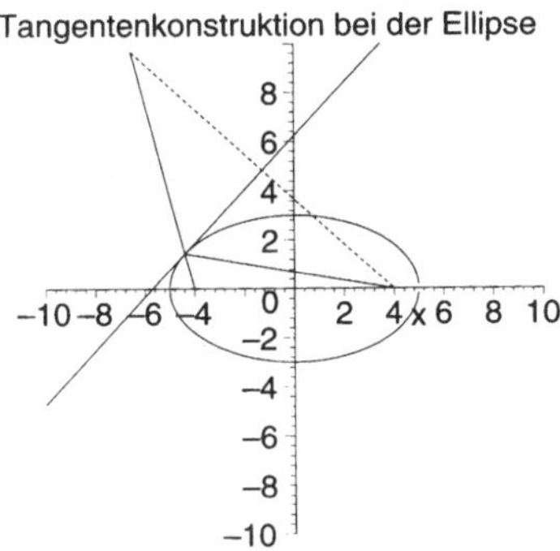

Weitere Themen auf der CD: Räumliche Darstellung eines Kegelschnitts (Parabel), Visualisierung der Brennpunktseigenschaft der Parabel.

5.6 Animierte Kegelschnitte

Autor: Michael Laule

In diesem Arbeitsblatt werden ebene Schnitte von Kegeln mit Hilfe animierter 3D-Darstellungen visualisiert. Dabei lassen sich der Öffnungswinkel des geraden Doppelkegels als auch der Winkel zwischen Ebene und Kegelachse variieren.

Kegelschnitte mit veränderlichem Winkel zwischen Ebene und Kegelachse: Die Prozedur *Kegelschnitte_als_Schar* dreht eine Ebene um eine zur Kegelachse eines geraden Doppelkegels orthogonale und durch einen Punkt P des Kegelmantels gehende Gerade g. Nach Übergabe des halben Öffnungswinkels α wird der Winkel zwischen Ebene und Kegelachse von 0 *Grad* bis 180 *Grad* in Schritten von 10 *Grad* variiert. Außer dem Doppelkegel und den entsprechenden Ebenenausschnitten enthält jedes Bild der Animation einen Abschnitt der Geraden g, um die gedreht wird, und einen Abschnitt einer zu g lotrechten, in der jeweiligen Ebene verlaufenden Geraden durch P.

Halber Öffnungswinkel:

```
>   alpha:=45;
>   Kegelschnitte_als_Schar(alpha);
```

animierte 3D-Darstellung !

$$\alpha := 45$$

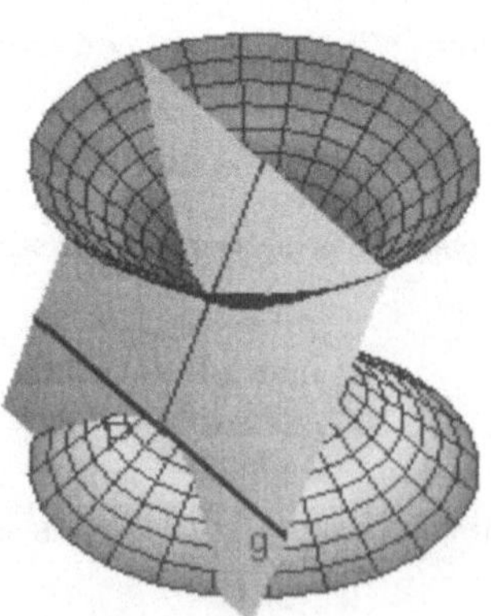

Weitere Themen auf der CD: Zu Beginn des Arbeitsblattes visualisiert die Prozedur *Kegelschnitte* die Schnitte paralleler Ebenen mit dem Kegelmantel eines geraden Doppelkegels.Über die Eingabeparameter besteht die Möglichkeit, den Öffnungswinkel des Kegels und den Winkel zwischen Ebene und Kegelachse zu beeinflussen.

5.7 Mehrstufige Prozesse

Autor: Eberhard Endres

Dieses Arbeitsblatt enthält drei Teile, mit denen die iterative Entwicklung einer Markovkette bearbeitet werden kann. Im ersten Teil wird eine Anfangsverteilung (gegeben durch einen Startvektor) anhand einer Übergangsmatrix in die entsprechenden Folgezustände übergeführt. Im zweiten Teil wird versucht, einen stabilen Zustand des Systems zu finden. Ausgegeben wird ggf. ein stabil bleibender Vektor (Eigenvektor) mit der gleichen Komponentensumme wie der Ausgangsvektor. Im letzten Teil wird die Entwicklung der einzelnen Komponenten des Zustandsvektors graphisch dargestellt.

Startvektor und Übergangsmatrix können nach eigenen Gutdünken variiert werden; für eine Markovkette ist jedoch die Spaltensumme 1 in der Übergangsmatrix zu beachten!

Iterierung eines Markovprozesses: Gegeben ist der Startzustand v eines Systems sowie die zu der Markovkette gehörende Übergangsmatrix M:

```
> v0 := [ 1 , 0 , 0 ];           # Anfangsverteilung
  M  := 1/1000*matrix(3,3,       # Uebergangsmatrix
  [448, 054, 011,
  484, 699, 503,
  068, 247, 486]);
  n := 5:                        # Anzahl der Iterationen
```

$$v0 := [1, 0, 0]$$

$$M := \frac{1}{1000} \begin{bmatrix} 448 & 54 & 11 \\ 484 & 699 & 503 \\ 68 & 247 & 486 \end{bmatrix}$$

Aus diesen Startbedingungen ergeben sich mit Hilfe der Prozedur *Iteration* die nächsten Folgezustände:

```
> Iteration ( M, v0, n);
```

$$Startvektor = [1, 0, 0]$$

$$v_1 = [.448, .484, .0680]$$

$$v_2 = [.228, .589, .183]$$

$$v_3 = [.136, .614, .250]$$

$$v_4 = [.0968, .621, .282]$$

$$v_5 = [.0800, .623, .297]$$

Stabiler Zustand des Systems: Eine stabile Verteilung s genügt der Gesetzmäßigkeit $M \cdot s = s$. Eine stabile Verteilung ergibt sich durch Lösung des entsprechenden linearen Gleichungssystems. Die Lösung dieses linearen Gleichungssystems wird durch die Prozedur *MstProzStabil* durchgeführt.

```
>  MstProzStabil ( M, v0 );
```
stabiler Zustandsvektor $= [.06719974243, .6240338369, .3087664206]$

Graphische Darstellung des Markovprozesses: Dieser Teil liefert eine
graphische Ausgabe für die Entwicklung der einzelnen Komponenten der Zu-
standsvektoren. Die Prozedur *MstProzBild* zeichnet hierbei den Verlauf der
einzelnen Komponenten des Zustandsvektors im Laufe der Iteration auf.

```
>  n := 10;          # optional: Anzahl der Iterationen
   MstProzBild ( M, v0, n );
```
$$n := 10$$

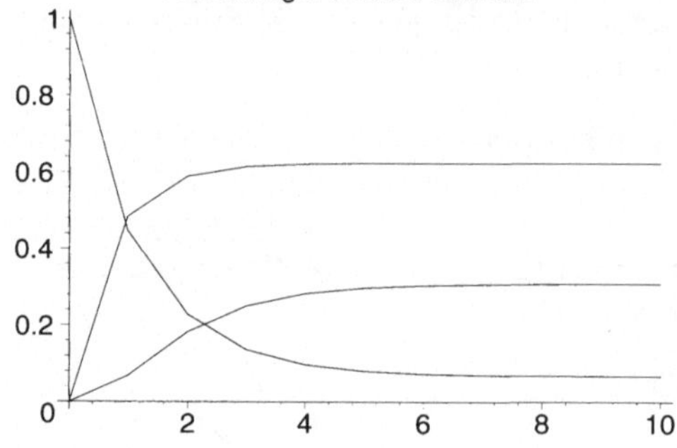

6. Lineare Algebra

6.1 Darstellung linearer Abbildungen im $\mathbb{R}^2$

Autor: Lothar Diemer

In der Sekundarstufe I werden Abbildungen für Punkte einer Ebene auf ihre Eigenschaften hin untersucht. Mit Hilfe der linearen bzw. affinen Abbildungen erhält man eine Klassifikation dieser Abbildungen auf einfache Art. Ziel dieses Worksheets ist es nun, Zusammenhänge zwischen den Eigenwerten, Eigenvektoren und den zugehörigen Abbildungen zu visualisieren. In den gewählten Beispielen rotieren ein Vektor und sein Bildvektor. Zeigen beide in die gleiche Richtung, hat man einen Eigenvektor gefunden.

Demonstration mit vorgegebener Matrix: Mit Hilfe der Prozedur **abbild** soll der Zusammenhang von Eigenwerten und Eigenvektoren für eine vorgegebene Abbildung im $\mathbb{R}^2$ visualisiert werden. Dazu werden die Werte der 2×2-Abbildungsmatrix an die Prozedur übergeben. Die Prozedur erzeugt eine Animation, bei der ein Vektor $\vec{u}$ mit der Länge 1 und sein Bildvektor umlaufen. Fallen beide Vektoren zusammen, hat man nach Definition einen Eigenvektor gefunden.

> *Definition:* Sei f eine lineare Abbildung von **V**. Ein Vektor $\vec{u}$ heißt Eigenvektor von f zum Eigenwert r $(r \in \mathbb{R})$, wenn $f(\vec{u}) = r\vec{u}$ ist.

Zusätzlich werden bei den Beispielen zur jeweiligen Abbildungsmatrix die Eigenwerte und Eigenvektoren berechnet. In diesem und allen folgenden Beispielen können – ggf. nach Betrachtung der Animation aus den gegebenen Werten – jederzeit die Werte der Matrix A geändert werden.[1]

```
> A:=matrix(2,2,[[1,3],[0,4]]);
> Eigenwerte:=eigenvals(A);
  Eigenvektoren:=eigenvects(A);
  abbild(A);
```

$$A := \begin{bmatrix} 1 & 3 \\ 0 & 4 \end{bmatrix}$$

$$\textit{Eigenwerte} := 1,\, 4$$

$$\textit{Eigenvektoren} := [4,\, 1,\, \{[1,\, 1]\}],\, [1,\, 1,\, \{[1,\, 0]\}]$$

---

[1] Hinweis: In der letzten Zeile der Ausgabe wird z.B. der Eigenwert "4" genannt, dann seine Vielfachheit "1" und schließlich der zugehörige Eigenvektor $\{[1, 1]\}$. Für den zweiten Eigenwert "1" gilt dies entsprechend.

Animation !

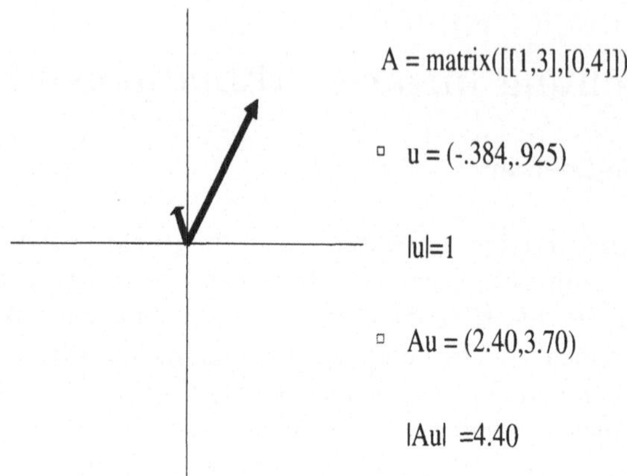

Parallelstreckung: Eine Parallelstreckung besitzt in mindestens einem Koordinatensystem eine Abbildungsmatrix der Form $\begin{bmatrix} 1 & 0 \\ 0 & s \end{bmatrix}$ mit $s \in \mathbb{R}\backslash\{0; 1\}$. Für $s = 1$ hätte man die identische Abbildung, die hier ohne Bedeutung ist, und für $s = 0$ gibt es keine Affiniät. Aufruf und Berechnungen erfolgen in diesem Fall und in allen weiteren Beispielen wie oben.

Zentrische Streckung: Eine zentrische Streckung besitzt in mindestens einem Koordinatensystem eine Abbildungsmatrix der Form $\begin{bmatrix} r & 0 \\ 0 & r \end{bmatrix}$, wobei für r gilt: $r \in \mathbb{R}\backslash\{0; 1\}$. Für $r = 1$ hätte man wieder die identische Abbildung und für $r = 0$ gibt es keine Affinität.

Euler-Affinität: Eine Euler-Affinität besitzt in mindestens einem Koordinatensystem eine Abbildungsmatrix der Form $\begin{bmatrix} r & 0 \\ 0 & s \end{bmatrix}$ mit $r, s \in \mathbb{R}\backslash\{0; 1\}$ und $r \neq s$.

Scherung: Eine Scherung besitzt in mindestens einem Koordinatensystem eine Abbildungsmatrix der Form $\begin{bmatrix} 1 & c \\ 0 & 1 \end{bmatrix}$ mit $c \in \mathbb{R}\backslash\{0\}$.

Scherstreckung: Eine Scherstreckung besitzt in mindestens einem Koordinatensystem eine Abbildungsmatrix der Form $\begin{bmatrix} r & c \\ 0 & r \end{bmatrix}$ mit $r \in \mathbb{R}\backslash\{0; 1\}$ und $c \in \mathbb{R}\backslash\{0\}$.

Abbildung ohne Eigenwerte: Hierzu darf es in der Animation keine Zustände geben, bei denen Vektor und Bildvektor zusammenfallen (siehe CD).

7. Komplexe Zahlen

7.1 Graphische Darstellung komplexer Zahlen

Autoren: Julian Neubig, Thomas Westermann, Ivica Zelic

In dieser Ausarbeitung werden Prozeduren zur Verfügung gestellt, um komplexe Zahlen graphisch darzustellen. Die Prozeduren *Dar* und *Kon* stellen eine komplexe Zahl bzw. die komplex konjugierte Zahl in der komplexen Zahlenebene dar. Die komplexen Zahlen müssen nicht notwendigerweise in der algebraischen Normalform gegeben sein.

Darstellung einer komplexen Zahl in der komplexen Zahlenebene:
Die Prozedur *Dar* stellt eine komplexe Zahl in der komplexen Zahlenebene dar, indem neben dem komplexen Punkt auch noch die Verbindungslinie zum Ursprung gezeichnet wird. Eine komplexe Zahl wird somit mit ihrem komplexen Zeiger identifiziert.

```
>   c1:=-6+I*5
>   Dar(c1,1.2);
```

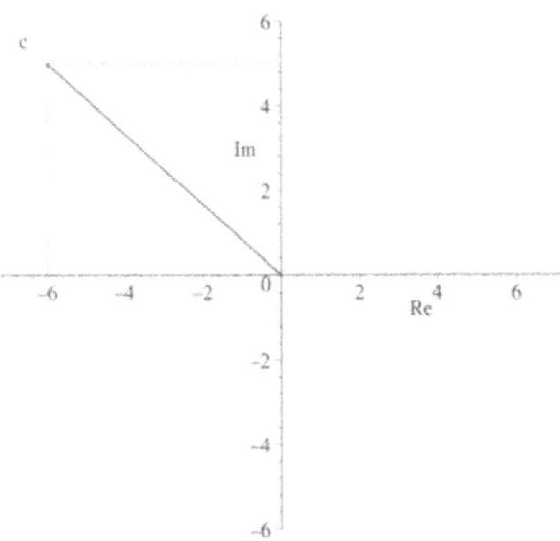

Weitere Themen auf der CD: Darstellung der komplex konjugierten Zahl in der komplexen Zahlenebene.

7.2 Graphische Darstellung komplexer Rechenoperationen

Autoren: Julian Neubig, Thomas Westermann, Ivica Zelic

In diesem Abscnitt werden die elementaren komplexen Rechenoperationen graphisch dargestellt. Die Addition und Subtraktion wird durch die Prozeduren **Add_** und **Sub** realisiert, die beide Animationen liefern. Zunächst werden nur die beiden komplexen Zahlen dargestellt; anschließend in einer Animation über das entsprechende Parallelogramm die Summe bzw. die Differenz der Zahlen. Die Multiplikation und die Division werden durch die Prozeduren **Mul** und **Div** visualisiert. Die Prozedur **Pot** berechnet die Potenz und **Root** alle n-ten Wurzeln und stellt diese in der komplexen Ebene als Animation dar.

Addition zweier komplexer Zahlen: Die Prozedur **Add_** stellt die Addition zweier komplexer Zahlen in der komplexen Zahlenebene dar. Zunächst werden nur die beiden komplexen Zahlen dargestellt; anschließend in einer Animation über das Summen-Parallelogramm die Summe.

```
>   c1:=-6+I*5:      c2:=4 +I*6:
>   Add_(c1,c2);
```

$$\text{Die Addition von} \;\; -6+5\,I \;\; \text{und} \;\; 4+6\,I \;\; \text{ergibt} \;\; -2+11\,I$$

Animation !

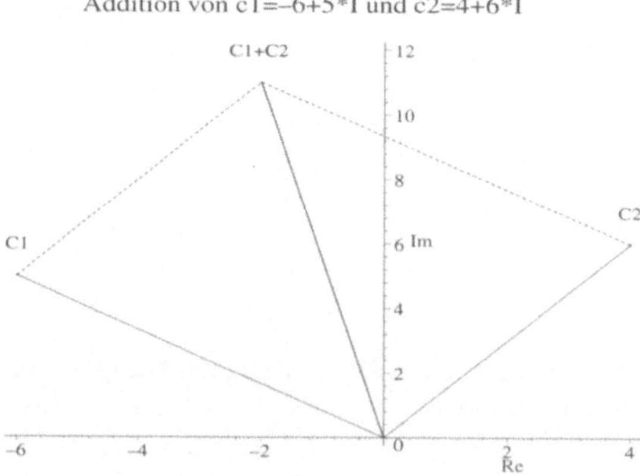

Subtraktion zweier komplexer Zahlen: Die Prozedur **Sub** visualisiert die Subtraktion zweier komplexer Zahlen in der komplexen Zahlenebene. Zunächst werden nur die beiden komplexen Zahlen dargestellt; anschließend in einer Animation über das entsprechende Parallelogramm die Differenz.

```
>  c1:=-6+I*5:      c2:=5 +I*8:
>  Sub(c1,c2);
```

Die Subtraktion von $-6+5\,I$, *und* $5+8\,I$ *ergibt* $-11-3\,I$

Animation !

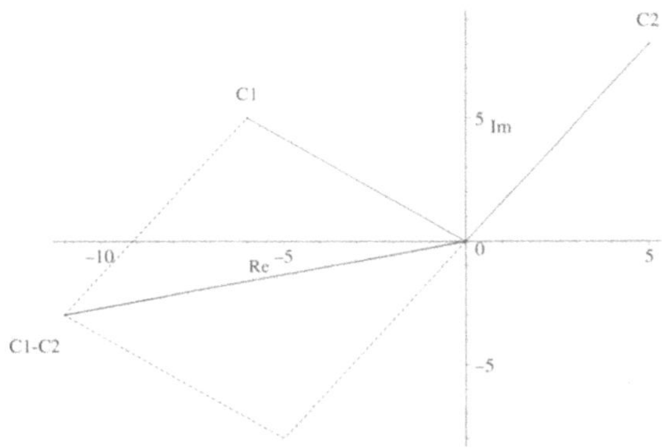

Die n-ten Wurzeln einer komplexen Zahl: Die Prozedur **Root** berechnet die n-ten Wurzeln einer komplexen Zahl und stellt diese in der komplexen Zahlenebene dar. Der Winkelabstand beträgt jeweils $\frac{2\pi}{n}$. Die Wurzeln sind rot dargestellt; die ursprüngliche komplexe Zahl grün.

```
>  c1:=0.4+I:
>  Root(c1,5);
```

Die $5-ten$ *Wurzeln von* $c=.4+1.\,I$ *lauten* :

$$c_0 = .9863287545 + .2393419123\,I$$

$$c_1 = .07716466125 + 1.012015108\,I$$

$$c_2 = -.9386383709 + .3861178212\,I$$

$$c_3 = -.6572750776 - .7733811708\,I$$

$$c_4 = .5324200327 - .8640936706\,I$$

Animation !

Die 5-ten Wurzeln von c= .4+1.*I

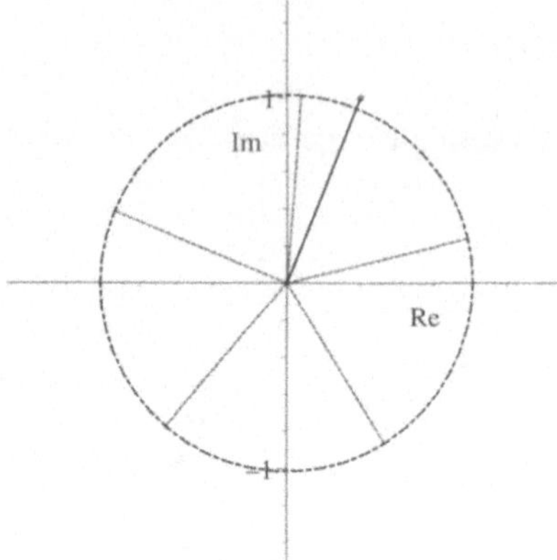

Info: Diese Ausarbeitung entstand im Rahmen eines Projektes im Studiengang Sensorsystemtechnik an der Fachhochschule Karlsruhe im SS 1998. Das ursprüngliche Projekt wurde von *Julian Neubig* und *Ivica Zelic* bearbeitet.

Weitere Themen auf der CD: Multiplikation und Division zweier komplexer Zahlen; Die n-te Potenz einer komplexen Zahl.

8. Differential- und Integralrechnung

8.1 Folgen

Autor: Christoph Fisches

Dieses Arbeitsblatt stellt einige Prozeduren und Animationen vor, die speziell für den unterrichtlichen Einsatz in einem Leistungskurs Mathematik geschrieben wurden. Die Visualisierung komplexer Begriffe und Gedankengänge aus dem Themenbereich Folgen soll dabei den Schülern nicht nur als einprägsames Hilfsmittel dienen, sondern auch ein ästhetisches Moment in den Unterricht bringen. Es wird gezeigt, wie der Fachlehrer maßgeschneiderte, auf den aktuellen Unterrichtsstoff bezogene Illustrationen mathematischer Sachverhalte erstellen kann, um damit den Lernprozess an geeigneten Stellen zu unterstützen.

- *Schneeflockenkurve (Kochkurve)* Das Animationspaket *Kochkurve* enthält drei Animationen, die das Konstruktionsprinzip der Kochschen Schneeflockenkurve veranschaulichen.
- *Folgen in Maple* In diesem Abschnitt wird gezeigt, wie mit Maple Folgen als (spezielle) Funktionen definiert und damit Glieder einer Folge berechnet werden können.
- *Graphische Darstellungen und Wertetabellen* Das Prozedurpaket *Folgen* enthält zwei Prozeduren, mit denen Wertettabellen erstellt und Folgen graphisch dargestellt werden können.
- Mit dem Systembefehl *rsolve* kann zu rekursiv gegebenen Folgen ein Term ermittelt werden.
- *Grenzwert einer Folge* Das Animationspaket *Grenzwertbegriff* enthält vier Animationen zur $\varepsilon\, n_0$-Definition des Grenzwerts einer Folge.
- *Konvergenz* Die Animation *Konvergenz* zeigt an einem Beispiel, wie mit Hilfe einer geeigneten Intervallschachtelung aus der Vollständigkeit der reellen Zahlen die Konvergenz einer monotonen und beschränkten Folge gefolgert werden kann.
- *Fibonacci-Folge* Die *Fibonacci-Folge* ist in Maple bereits vordefiniert.

Schneeflockenkurve: Zur Einführung in das Stoffgebiet Folgen eignen sich u.a. Beispiele aus der fraktalen Geometrie. Hier wird die Konstruktion der Schneeflockenkurve (Helge von Koch 1904) vorgestellt. Mit dem oben geladenen Paket **Kochkurve** wurden drei Animationen bereitgestellt: **Umfang, Flaeche_einfarbig** und **Flaeche_mehrfarbig.**[1]

```
>   Umfang;
```

---

[1] Im Worksheet ist zusätzlich noch die animierte Ausgabe der Fläche vorgesehen.

Animation !

Die S c h n e e f l o c k e n k u r v e (Helge von Koch, 1904)

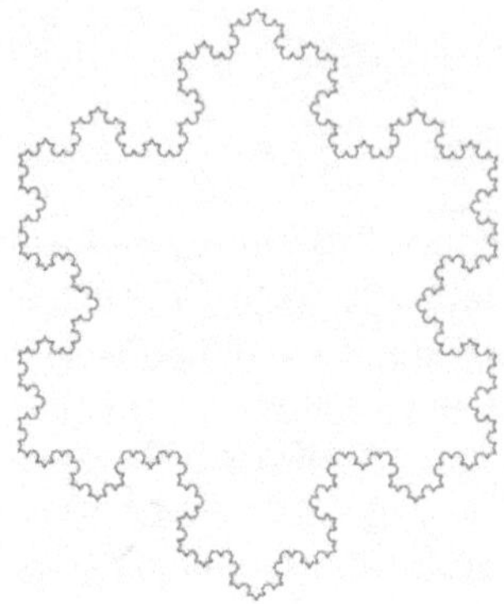

Graphische Darstellungen und Wertetabellen: Die Prozedur *Folgengraph* aus dem Paket Folgen stellt Glieder einer Folge durch Punkte in einem zweidimensionalen Koordinatensystem graphisch dar. Die unabhängige Variable kann dabei frei gewählt werden, muss aber bei der Bereichsangabe genannt werden. Die horizontale Achse wird entsprechend beschriftet.

```
> Folgengraph(3*(4/3)^(n-1),n=1..15);
```

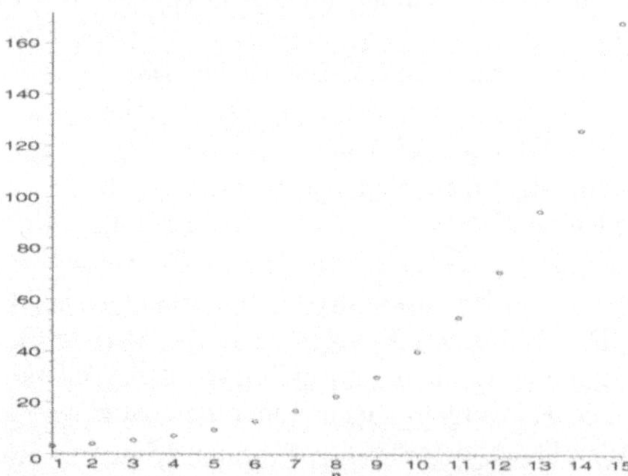

Die Prozedur *Folgenwerte* erstellt zu einer vorgegebenen Folge eine vertikal angeordnete Wertetabelle. Die erste (zweite) Spalte enthält die Werte der unabhängigen (abhängigen) Variablen. Wertetabelle mit exakten Werten der Umfangsfolge:

```
> Folgenwerte(3*(4/3)^(n-1),n=1..3);
```

$$\begin{bmatrix} 1 & 3 \\ 2 & 4 \\ 3 & \dfrac{16}{3} \end{bmatrix}$$

Näherungswerte in Dezimaldarstellung erhält man, indem man in der Folgen-
definition Fließkommazahlen (mit Dezimalpunkt) verwendet. Wertetabelle
mit Näherungswerten der Umfangsfolge:[2]

```
> Folgenwerte(3.0*(4/3)^(n-1),n=39..41);
```

$$\begin{bmatrix} 39 & 167800.4982 \\ 40 & 223733.9976 \\ 41 & 298311.9967 \end{bmatrix}$$

Im Worksheet wird anschließend die gleiche Betrachtung für die Folge der
Flächeninhalte durchgeführt.

Grenzwert einer Folge: Die folgenden Animationen zur $\varepsilon\, n_0$ -Definition
des Grenzwerts einer Folge aus dem Paket *Grenzwertbegriff* zeigen
ε-Umgebungen von Zahlen, um deren Grenzwerteigenschaft auf anschauli-
chem Niveau zu diskutieren.

Zur Begriffsbildung werden typische Beispiele (monotone bzw. alternierende
Folgen mit Grenzwert) aber auch nichttriviale Gegenbeispiele (Folgen mit
einer bzw. 2 zwei Häufungszahlen) betrachtet. Im Buch wird exemplarisch
nur die alternierende Folge mit dem Term $2 + \frac{(-1)^n}{n}$ wiedergegeben, die als
Beispiel_2 aufgerufen werden kann. Dabei wird klar, dass Monotonie für die
Konvergenz einer Folge nicht notwendig ist.

```
> Beispiel_2;
```

Animation !

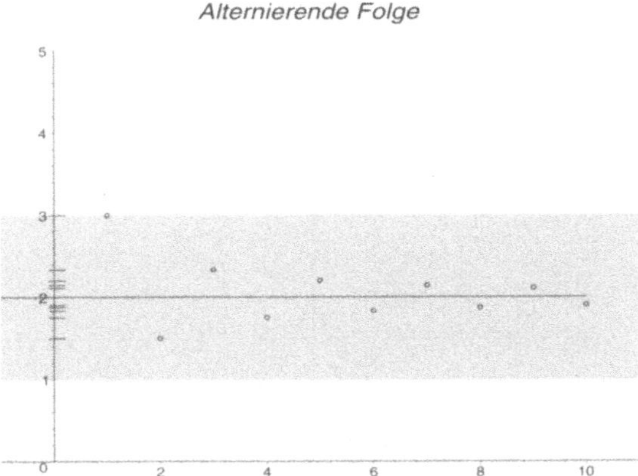

Weitere Themen auf der CD: Folgen in Maple, Systembefehl *rsolve*, Konvergenz, Fibonacci-Folge.

---

[2] Es ist für viele Schüler erstaunlich, dass der Umfang „dieser kleinen Figur"
nach nur wenigen Konstruktionsschritten bereits „Tausende von Kilometern" beträgt. Diese „Irritation" kann dazu beitragen, die Vertiefung des propädeutischen
Grenzwertbegriffs zu motivieren.

8.2 Graphisches Differenzieren

Autor: Michael Laule

Ausgehend vom Tangentenproblem wird in diesem Arbeitsblatt zu einem Verfahren des graphischen Ableitens geführt. Im Vordergrund stehen dabei die Hintereinanderschaltung bzw. das Aufeinanderlegen einzelner Bilder in den Animationsgraphiken. Die Funktion f, der x- und der y-Zeichenbereich sowie die Anzahl der Bilder sind frei wählbar.

Graphisches Differenzieren: Die hier verwendete Prozedur **_Grafik_** zeichnet eine Folge von Tangenten in aufeinanderfolgenden Punkten $P_i\,(x_i\,|\,\mathrm{f}(x_i))$ des Schaubildes der Funktion f mit den zugehörigen Punkten $Q_i\,(x_i\,|\,\mathrm{f}'(x_i))$ des Schaubildes der Ableitungsfunktion. Die Werte $\mathrm{f}'(x_i)$ werden dabei graphisch bestimmt. Nach Übergabe der Funktion f, der x- und y-Bereiche sowie der Anzahl s der Schritte werden im Punkt $(-1|0)$ die Parallelen zu den Tangenten in den Punkten P_i gezeichnet. Die Ordinatenabschnitte b_i dieser Parallelen entsprechen den Steigungen der zugehörigen Tangenten. Somit gehören die Punkte $Q_i\,(x_i\,|\,b_i)$ zum Schaubild der Ableitungsfunktion von f. Der x-Bereich wird dabei durch $s+1$ äquidistante Stellen $x_1 = x_l$, $x_2 = x_l + \frac{x_r - x_l}{s}$, $x_3 = x_l + \frac{2(x_r - x_l)}{s}, \ldots, x_{s+1} = x_r$ zerlegt.

```
>   f:=x->sin(x):                 # Funktion
>   xl:=-5: xr:=5: yu:=-2: yo:=2: # Zeichenbereich
    s:=20:                        # Schrittzahl

>   Grafik(f,xl,xr,yu,yo,s);
```

Animation!

Graphisches Differenzieren

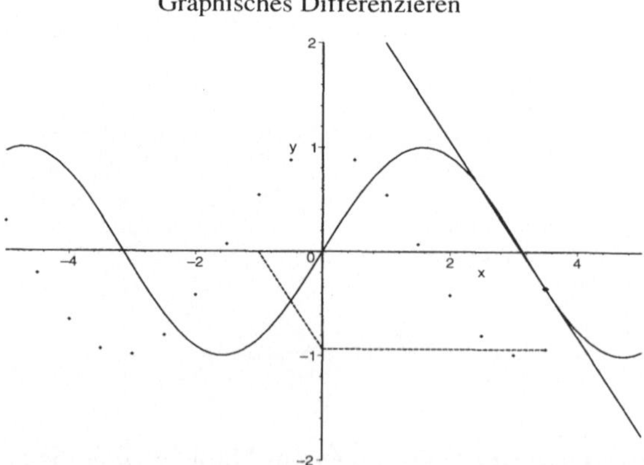

Weitere Themen auf der CD: Die Prozedur **_Sekanten_** zeichnet eine Folge von Sekanten durch ein und denselben Punkt $P\,(x_s\,|\,\mathrm{f}(x_s))$ des Schaubildes einer Funktion. Hiermit lässt sich das Tangentenproblem visualisieren. Beim Ablauf der **_Tangenten_**-Animation „rollt" eine Tangente am Schaubild einer differenzierbaren Funktion entlang.

8.3 Kurvendiskussion

Autor: Eberhard Endres

Dieses Worksheet ist sicherlich sinnvoller in der Hand des Lehrers (zur Unterrichtsvorbereitung bzw. Lösung oder Korrektur von Klausuren/Klassenarbeiten) einsetzbar. Für den Einsatz im Unterricht wird sich dieses Worksheet eher nicht eignen. Die Prozeduren sind so aufbereitet, dass sie den Anforderungen an schulische Kurvendiskussionen angepasst sind. Insbesondere wurde versucht, die komplexen Lösungen, die Maple standardmäßig mitliefert, auszublenden.

Das Arbeitsblatt erhebt demgegenüber jedoch keinesfalls den Anspruch, bei allen Funktionsklassen adäquate Ergebnisse zu liefern. Getestet wurde das Worksheet bei ganzrationalen und gebrochen-rationalen Funktionen nicht allzu komplexer Gestalt. Natürlich können einzelne Prozeduren auch bei anderen Funktionsklassen geeignete Ergebnisse liefert; dies ist jedoch nicht garantiert!

Besonderheiten des Worksheets: Konstante Funktionen wie auch eingebaute Standardfunktionen (sqrt, sin, cos, ...) werden nicht korrekt bearbeitet, weil hier die interne Speicherung dieser Standardfunktionen abweicht;
Tipp: Diskutieren Sie stattdessen x->2*sqrt(x) oder x->4*sin(x); durch die Multiplikation speichert Maple die Funktion in der erwarteten Weise!

Die Prozeduren Extremstellen und Wendestellen liefern nur Kandidaten für Extrema und Wendepunkte; eine geeignete hinreichende Bedingung ist auf jeden Fall noch zu überprüfen.

Die Konvergenz der Newton-Iteration wird nicht überprüft; hier müssen geeignete Startwerte selbst gewählt werden

Der weiteren Darstellung wird die folgende Funktion f zugrundegelegt:

```
>  f:=x->1/(x+1)-2/x;
```

$$f := x \to \frac{1}{x+1} - \frac{2}{x}$$

Definitionslücken: Die Prozedur *Definitionsluecken* bestimmt die Menge der Definitionslücken der rationalen Funktion f, die Prozedur *Definitionsbereich* bestimmt den maximalen Definitionsbereich und gibt ihn aus.

```
>  Definitionsluecken(f);
```

$$\{-1, 0\}$$
$$D \;=\; R \setminus \{-1, 0\}$$

Ableitungen: Die Prozedur **Ableitungen** bestimmt die ersten drei Ableitungen der rationalen Funktion f.

```
> Ableitungen(f);
```

$$Funktion: \quad f(x) = \frac{1}{x+1} - \frac{2}{x}$$

$$1.\,Ableitung: \quad f'(x) = -\frac{1}{(x+1)^2} + \frac{2}{x^2}$$

$$2.\,Ableitung: \quad f''(x) = 2\frac{1}{(x+1)^3} - \frac{4}{x^3}$$

$$3.\,Ableitung: \quad f'''(x) = -6\frac{1}{(x+1)^4} + \frac{12}{x^4}$$

Nullstellen: Die Prozedur **Nullstellen** bestimmt die Nullstellen der rationalen Funktion f.

```
> Nullstellen(f);
```

$$\{-2\}$$

```
> Nullpunkte(f);
```

$$Nullstellen\ der\ Funktion:$$

$$[-2, 0, m = \frac{-1}{2}]$$

Horizontalstellen: Die Prozedur **Horizontalstellen** bestimmt die Stellen der rationalen Funktion f mit Ableitung 0 , die Prozedur **Horizontalpunkte** entsprechend diejenigen Punkte mit horizontaler Tangente.

```
> Stellen:=3:
> Horizontalstellen(f);
```

$$\{-2 - \sqrt{2},\ -2 + \sqrt{2}\}$$

```
> Horizontalpunkte(f,Stellen);
```

$$Punkte\ mit\ horizontaler\ Tangente:$$

$$[-3.41, .171, m = 0.],\ [-.59, 5.82, m = 0.]$$

Extremstellen: Die Prozedur **Extremstellen** bestimmt die Extremstellen der rationalen Funktion f.[3] Die Prozedur **Extrempunkte** gibt die entsprechenden Punkte aus.

```
> Extremstellen(f);
```

$$\{-2 - \sqrt{2},\ -2 + \sqrt{2}\}$$

```
> Extrempunkte(f,Stellen);
```

$$Extremstellen:$$

$$-.59, -3.41$$

---

[3] Geprüft wird dabei nur eine hinreichende Bedingung über die zweite Ableitung.

$$K\ddot{r}\ddot{u}mmungen \ an \ diesen \ Stellen :$$
$$-.042, 48.5$$
$$Extrempunkte :$$
$$H_1(-3.41, .171, m = 0.)$$
$$T_1(-.59, 5.82, m = 0.)$$

Wendestellen: Die Prozedur **Wendestellen** bestimmt die Wendestellen der rationalen Funktion f, die Prozedur **Wendepunkte** gibt die entsprechenden Punkte aus..

```
> Wendestellen(f);
```

$$\{-2^{(2/3)} - 2^{(1/3)} - 2\}$$

```
> Wendepunkte(f,Stellen);
```

$$Wendestellen :$$
$$\{-4.85\}$$
$$Dritte \ Ableitung \ an \ diesen \ Stellen :$$
$$-.0056$$
$$Wendepunkte :$$
$$W_1(-4.85, .152, m = .0176)$$

Tangente an Schaubild: Die Prozedur **Tangente** bestimmt die Funktionsvorschrift der Tangente an die rationalen Funktion f an einer Stelle x0.

```
> x0:=2:
> print('Tangente an der Stelle x0=2: ');
> print('y'=Tangente(f,x0)(x));
```

$$Tangente \ an \ der \ Stelle \ x0 = 2 :$$
$$y = \frac{7}{18} x - \frac{13}{9}$$

Normale in einem Kurvenpunkt: Die Prozedur **Normale** bestimmt die Funktionsvorschrift der Normalen zu einer rationalen Funktion f an einer Stelle x0.

```
> x0:=2:
> print('Normale an der Stelle x0=2: ');
> print( 'y'=Normale(f,x0)(x));
```

$$Normale \ an \ der \ Stelle \ x0 = 2 :$$
$$y = -\frac{18}{7} x + \frac{94}{21}$$

Wertetabelle: Die Prozedur *Wertetabelle* gibt eine Wertetabelle für die rationale Funktion f im Intervall [a,b] mit der Schrittweite s aus.

```
>   a:=-4: # optional: Startwert
    b:=5:  # optional: Endwert
    s:=1:  # optional: Schrittweite

>   Wertetabelle(f,a,b,s);

    Wertetabelle f"ur die Funktion  f: x -> 1/(x+1)-2/x
    ---------------------------------------------------
       x         f(x)
    [ -4.000   / .167     ]
    [ -3.000   / .167     ]
    [ -2.000   / 0.000    ]
    Definitionsluecke bei -1.000
    Definitionsluecke bei 0.000
    [ 1.000    / -1.500   ]
    [ 2.000    / -.667    ]
    [ 3.000    / -.417    ]
    [ 4.000    / -.300    ]
    [ 5.000    / -.233    ]
```

Näherungslösung einer Gleichung: Die Prozedur *Newton* bestimmt näherungsweise die Nullstelle einer Funktion g mit einem Startwert s mittels der Newton-Iteration mit n Iterationen.

```
>   g:= unapply( f(x)+1 , x);
    Stellen := 20:        # optional: Stellenanzahl
    Startwert:=1; Schritte:=8;

>   Newton( g, Startwert, Schritte , Stellen);
```

$$g := x \to \frac{1}{x+1} - \frac{2}{x} + 1$$

$$Startwert := 1$$

$$Schritte := 8$$

```
1. Naeherung : 1.2857142857142857143
2. Naeherung : 1.4016288650030777972
3. Naeherung : 1.4140920532308439923
4. Naeherung : 1.4142135510374985901
5. Naeherung : 1.4142135623730949502
6. Naeherung : 1.4142135623730950488
7. Naeherung : 1.4142135623730950488
8. Naeherung : 1.4142135623730950488
```

$$1.4142135623730950488$$

Schaubild: Die Prozedur *Schaubild* zeichnet das Schaubild der rationalen Funktion f im Intervall [a,b] mit dem Wertebereich [ymin,ymax].

Achtung: Maple zeichnet standardmäßig die Polstellen als senkrechte Geraden in das Schaubild. Wenn dies nicht erwünscht ist, muss man die Option 'discont = true' ergänzen.

```
>   a:=-3: b:=2:         # optional: Zeichenbereich
```

```
> Schaubild( f,a..b, thickness=2, view=[a..b,-5..10]);
```

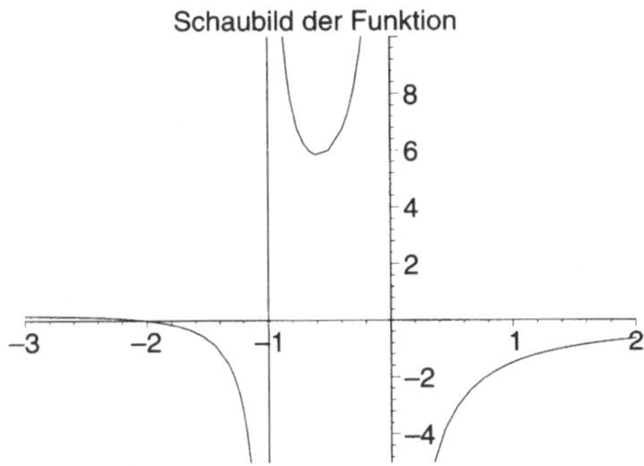

Polstellen: Die Prozedur **Polstellen** bestimmt die Polstellen der rationalen Funktion f.

```
> print('Polstellen liegen bei folgenden x-Werten vor:');
  print( op(Polstellen(f)) );
```

$$Polstellen\ liegen\ bei\ folgenden\ x - Werten\ vor:$$

$$-1, 0$$

Asymptoten: Die Prozedur **Asymptote** bestimmt die horizontale bwz schiefe Asymptote der rationalen Funktion f.

```
> lprint('Die schiefe bzw. horizontale Asymptote heisst:',
  y=Asymptote(f)(x));
```

```
'Die schiefe bzw. horizontale Asymptote heisst:', y = 0
```

Weitere Themen auf der CD: Muster-Kurvendiskussion.

8.4 Ortskurven

Autor: Eberhard Endres

Die Prozedur Ortskurve enthält drei Prozeduren:

- Die Prozedur **Einzelbild**, die (in einer Animation) einzelne Schaubilder einer Funktionenschar sowie einen herausgehobenen Punkt darstellt.
- Die Prozedur **OrtsKurvenschar**, die die zuvor gezeigten Schaubilder in einem einzigen Koordinatensystem gleichzeitig darstellt und alle entsprechenden hervorgehobenen Punkte gemeinsam darstellt.
- Die Prozedur **Ortslinie**, die die Kurvenschar darstellt und die Ortslinie zeichnet, auf der die entsprechenden hervorgehobenen Punkte liegen.

Animation von Einzelbildern hervorgehobener Punkte: Gegeben ist eine Funktion f. Gezeichnet wird in einer Animation eine Folge von Funktionsschaubildern mit jeweils einem herausgehobenen Punkt.

```
> f   := (t,x) -> x^3/3-t*x;   # Definition der Funktion
  xP := t->sqrt(t):            # x-Koordinate des Kurvenpunktes
  tBereich := 0..50:           # Variationsbereich f"ur t
  xBereich := -10.. 15:        # x-Zeichenbereich
  yBereich := -250..250:       # y-Zeichenbereich
  Anzahl   := 40:              # Anzahl der Bilder

> Einzelbild(f,tBereich,xP,Anzahl,xBereich,yBereich);
```

Animation !

$$f := (t,\, x) \to \frac{1}{3}\, x^3 - x\, t$$

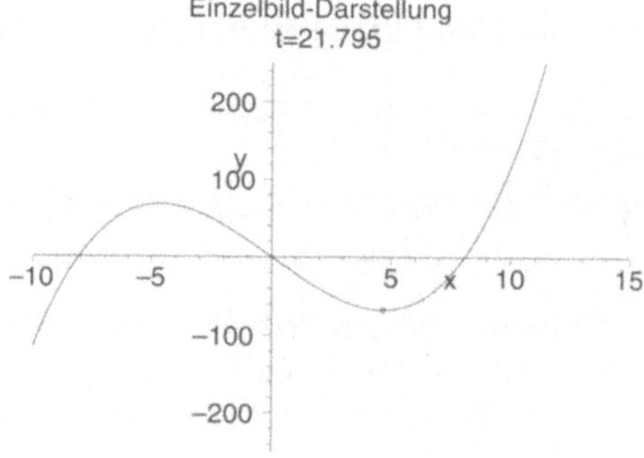

Gemeinsame Darstellung aller Einzelbilder: Gegeben ist eine Funktion f. Gezeichnet wird in einem Koordinatenkreuz eine Anzahl von Kurven der Kurvenschar jeweils mit herausgehobenem Punkt

```
> OrtsKurvenschar(f,tBereich,xP,Anzahl,xBereich,yBereich);
```

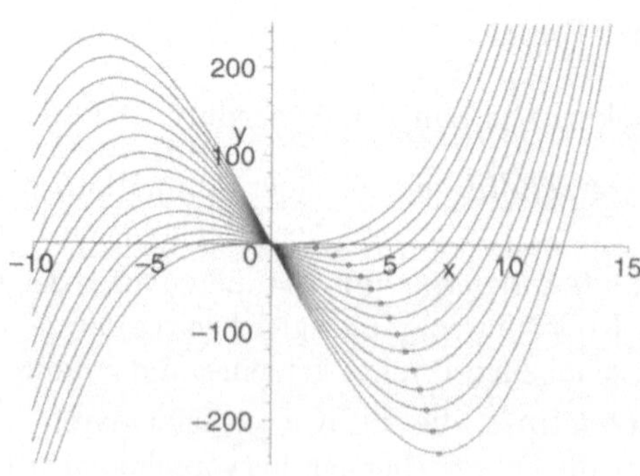

Darstellung der Ortslinie: Gegeben ist eine Funktion f. Gezeichnet wird:

- in einer Animation eine Folge von Funktionsschaubildern mit jeweils einem herausgehobenen Punkt
- in einem Koordinatenkreuz eine Anzahl von Kurven der Kurvenschar jeweils mit herausgehobenem Punkt
- in einem Koordinatenkreuz eine Anzahl von Kurven der Kurvenschar sowie die Ortskurve, die alle herausgehobenen Punkte enthält.

```
>  Ortslinie(f,tBereich,xP,Anzahl,xBereich,yBereich);
```

Animation !

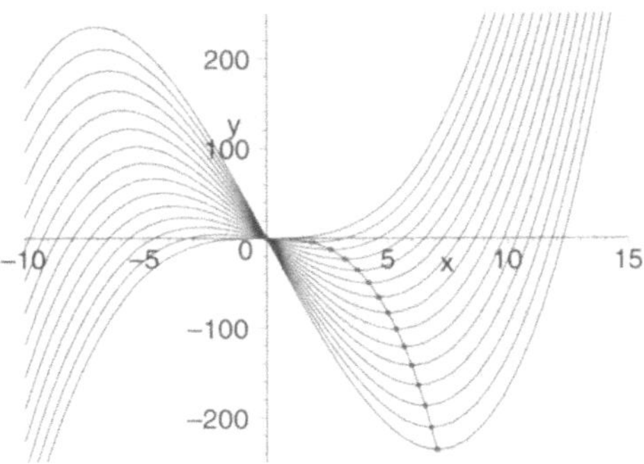

8.5 Fehlervisualisierung bei der Unter- und Obersumme

Autor: Eberhard Endres

In diesem Arbeitsblatt wird in einer Animation die Einteilung eines krummlinigen Trapezes in immer kleinere Teilflächen vorgenommen und der Fehler, der bei Betrachtung der Ober- bzw. Untersummen-Rechtecke anstelle der korrekten Teilflächen entsteht, visualisiert. Die fehlende bzw. zuviel gewertete Fläche wird hierbei jeweils in rot dargestellt.

Visualisierung des Fehlers bei der Obersumme gegenüber der exakten Fläche: Die Prozedur *OberFehler* zeichnet eine Animation, bei der die gesuchte Fläche in grün und die bei der Abschätzung durch die Obersumme zu viel gewertete Fläche in rot dargestellt ist.

```
>  f:=x-> (x-2)^3-2*x+9;     # Definition der Funktion
   Bereich:=0..3:            # Intervall fuer die Flaeche
   Teilung:=[1,2,4,10,50]:   # Zahl der Intervalle
```

```
>   OberFehler(f,Bereich,Teilung);
```

Animation !

$$f := x \to (x - 2)^3 - 2\,x + 9$$

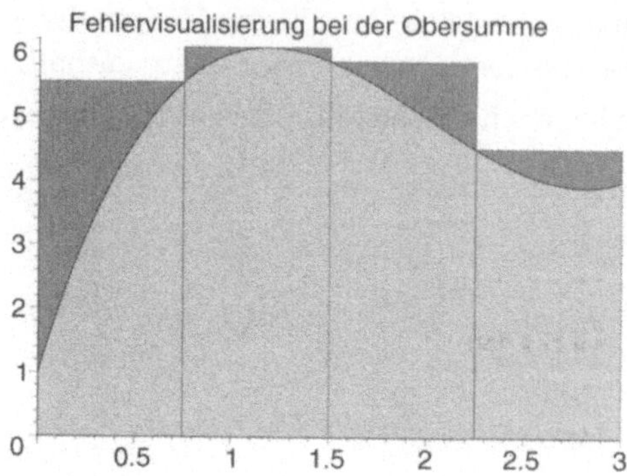

Visualisierung des Fehlers bei der Untersumme gegenüber der exakten Fläche: Die Prozedur *UnterFehler* zeichnet eine Animation, bei der die Abschätzung durch die Untersumme in grün und der Fehler gegenüber der gesuchten Fläche in rot dargestellt wird.

```
>   f:=x-> (x-2)^3-2*x+9:
```

```
>   UnterFehler(f,Bereich,Teilung);
```

Animation !

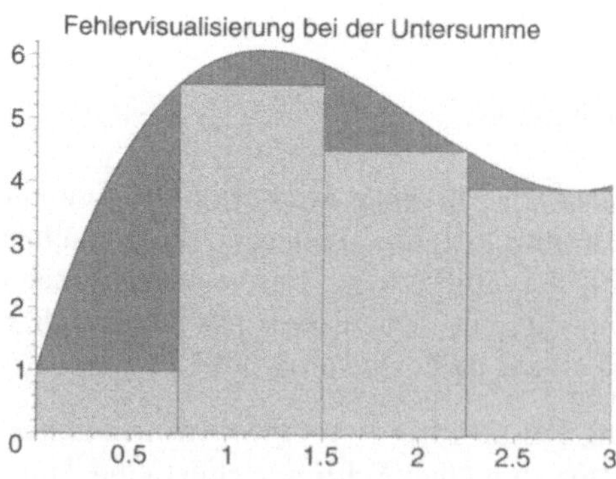

8.6 Annäherung von Unter- und Obersumme an einen gemeinsamen Grenzwert

Autor: Eberhard Endres

Die Prozedur *UnterOberSumme* stellt in einer Animation eine Folge von Abschätzungen jeweils graphisch dar und gibt diese quantitativ aus.

```
> f:=x->4+2*x-x^2: UnterOberSumme(f, 0..3, [1,2,4,8,20,80]);
```

Animation !

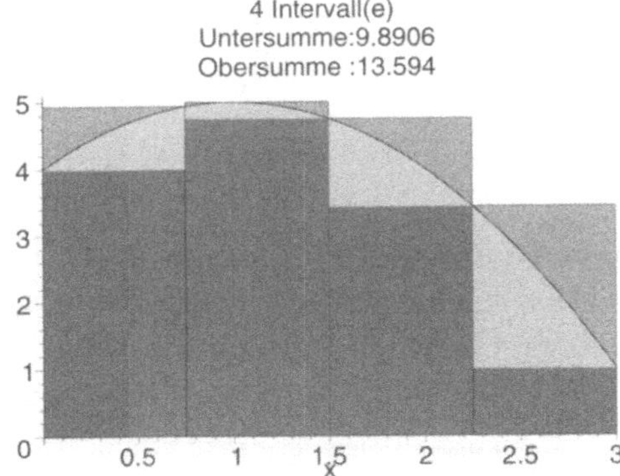

8.7 Rechnerischer Ansatz zur Bestimmung der Fläche eines krummlinigen Trapezes

Autor: Eberhard Endres

In diesem Arbeitsblatt werden die im Worksheet *Annäherung von Unter- und Obersumme an einen gemeinsamen Grenzwert* graphisch erläuterten Überlegungen in eine konkrete rechnerische Abschätzung umgesetzt. Dieser Block kann dazu verwendet werden, die Intervallschachtelung zu verdeutlichen, die durch Aufbau immer feinerer Teilungen für die Untersumme und Obersumme der Rechteckflächen entsteht. Damit wird die Existenz eines Grenzwertes für die Fläche des krummlinigen Trapezes motiviert.

Darstellung der Funktion und Einteilung in Teilintervalle: Die Prozedur *Flaeche* teilt ein krummliniges Trapez in n äquidistante Streifen.

```
> f:=x->x*(6-x)^2;       # Funktionsdefinition
  Intervall:=0..6:       # Intervallgrenzen
  n:=4:                  # Anzahl der Streifen
```

```
> Flaeche(f,Intervall,n);
```

$$f := x \to x\,(6 - x)^2$$

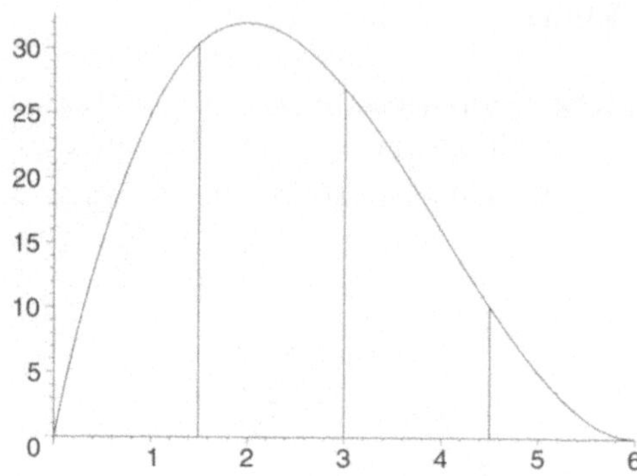

Visualisierung eines Teilintervalls: Die Prozedur *Unterflaeche* teilt ein krummliniges Trapez in n äquidistante Streifen ein, hebt einen Streifen farbig hervor und schätzt dessen Fläche durch Rechtecke nach oben und unten ab.

```
>  Intervall:=0..6:
   n:=4:
   k:=2:              # Nummer des betrachteten Streifens
> Unterflaeche(f,Intervall,n,k);
```

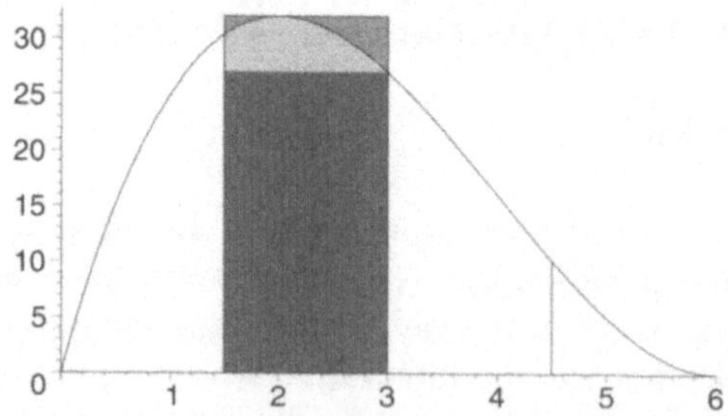

Rechnerische Abschätzung der Fläche: Durch Summierung über alle Teilintervalle wird nun mit Hilfe der Prozedur *Abschaetzung* eine obere und untere Abschätzung für die Fläche des krummlinigen Trapezes gewonnen.

```
>  f:=x->x*(6-x)^2: Intervall:=0..6: n:=4:
> Abschaetzung(f, Intervall, n, 1..n);
```

$$f(x) = x\,(6 - x)^2$$

```
Gesamtintervall= [0, 6]
Einteilung in:    4 Intervalle

1 .Intervall
Minimaler Funktionswert      : 0.
Maximaler Funktionswert      : 30.38
Untere Grenze fuer die Flaeche: 0.
Obere Grenze fuer die Flaeche : 45.56

2 .Intervall
Minimaler Funktionswert      : 27.
Maximaler Funktionswert      : 32.
Untere Grenze fuer die Flaeche: 40.50
Obere Grenze fuer die Flaeche : 48.

3 .Intervall
Minimaler Funktionswert:         10.12
Maximaler Funktionswert      : 27.
Untere Grenze fuer die Flaeche: 15.19
Obere Grenze fuer die Flaeche: 40.50

4 .Intervall
Minimaler Funktionswert:         0.
Maximaler Funktionswert      : 10.12
Untere Grenze fuer die Flaeche: 0.
Obere Grenze fuer die Flaeche: 15.19

Summarische Abschaetzung der Intervalle Nr. 1 bis 4
Untere Grenze fuer die Flaeche: 55.688
Obere Grenze fuer die Flaeche: 149.25
```

Die Genauigkeit der Abschaetzung kann erhöht werden, indem man die Gesamtflaeche in mehr Teilflaechen einteilt.[4]

```
>  n:=100:

>  Abschaetzung(f, Intervall, n, 1..n);

Gesamtintervall= [0, 6]
Einteilung in:    100 Intervalle

Summarische Abschaetzung der Intervalle Nr. 1 bis 100
Untere Grenze fuer die Flaeche: 106.07
Obere Grenze fuer die Flaeche: 109.91
```

---

[4] Bei mehr als 14 Teilintervallen wird nur die summarische Abschätzung ausgegeben.

8.8 Entdeckung des Hauptsatzes der Differential- und Integralrechnung

Autor: Eberhard Endres

Der Inhalt eines krummlinigen Trapezes wird durch Approximation der Mittenrechtecksflächen bestimmt. In einer Animation wird die Konvergenz dieser Approximation gegen einen Grenzwert mit zunehmender Intervallzahl visualisiert. In einem zweiten Schritt wird die Fläche für eine beliebige Intervallzahl n bestimmt und im Grenzübergang $n \to \infty$ die Entdeckung des Hauptsatzes vorbereitet.

Visualisierung der Approximation durch Mittenrechtecke: Die Prozedur *Mittenrechtecke* erstellt eine Animation, in der ein krummliniges Trapez in n äquidistante Streifen eingeteilt wird und über jedem Streifen das Rechteck, dessen Breite der Breite des Streifens und dessen Höhe dem Funktionswert in der Mitte des Streifens entspricht, gezeichnet wird.

```
>   f:=x->x*(6-x)^2;      #  Funktionszuweisung
>   Bereich:=0..6:        #  Grenzen des Gesamtintervalls
>   Teilung := [2,4,6,8,10,12,16,20,25,40,70,100,250,600];
>   Mittenrechtecke(f,Bereich,Teilung);
```

$$f := x \to x\,(6-x)^2$$

$$Teilung := [\,2,\,4,\,6,\,8,\,10,\,12,\,16,\,20,\,25,\,40,\,70,\,100,\,250,\,600\,]$$

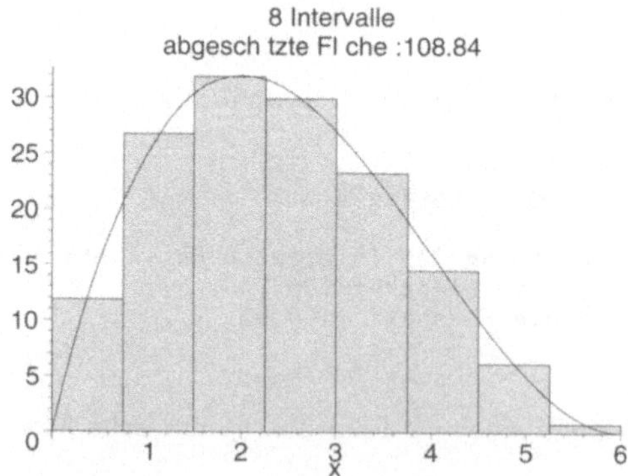

Flächenabschätzung und Grenzübergang bei festen Intervallgrenzen: Die Prozedur *Hauptsatz* bestimmt für eine beliebige Zahl k von Teilintervallen die Fläche der Mittenrechtecke. Durch Grenzübergang für $k \to \infty$ wird die Fläche unter der Kurve bestimmt.

Hinweis: Hier kann das Intervall nach Belieben verändert werden!

```
>  f:=x->x*(6-x)^2;
>  Hauptsatz ( f, 0..6 );
```

$$f := x \to x\,(6 - x)^2$$

$$\text{Fläche des } k.\ \text{Intervalls bei } n \text{ Intervallen } = 162\,\frac{(2\,k - 1)\,(2\,n - 2\,k + 1)^2}{k\,n^3}$$

$$\text{Summe der } n \text{ Mittenrechtecksflächen } = 54\,\frac{1 + 2\,n^2}{n^2}$$

$$\text{Grenzwert der Mittenrechtecksflächen } = 108$$

Flächenabschätzung und Grenzübergang bei variabler rechter Grenze: Die Prozedur *Hauptsatz* bestimmt für eine beliebige Zahl k von Teilintervallen die Fläche der Mittenrechtecke. Durch Grenzübergang für $k \to \infty$ wird die Fläche unter der Kurve bestimmt. Wählt man hierbei das Gesamtintervall z.B. $I = [\,0\,;\,b\,]$, dann lässt sich anhand der entstehenden Ergebnisse der Hauptsatz der Differential- und Integralrechnung „entdecken".

```
>  f:=x->x^2+5; b:='b':
>  Hauptsatz ( f, 0..b );
```

$$f := x \to x^2 + 5$$

$$\text{Fläche des } k.\ \text{Intervalls bei } n \text{ Intervallen } = \frac{1}{4}\,\frac{b\,(4\,b^2\,k^2 - 4\,b^2\,k + b^2 + 20\,n^2)}{k\,n^2}$$

$$\text{Summe der } n \text{ Mittenrechtecksflächen } = \frac{1}{12}\,\frac{b\,(-b^2 + 60\,n^2 + 4\,b^2\,n^2)}{n^2}$$

$$\text{Grenzwert der Mittenrechtecksflächen } = \frac{1}{3}\,b^3 + 5\,b$$

8.9 Fundamentalsatz der Differential- und Integralrechnung

Autor: Thomas Westermann

Die Prozedur *Fundamentalsatz* stellt zum einen den Zusammenhang zwischen einer Funktion f(x) und der zugehörigen Integralfunktion

$$F(x) = \int_a^x f(t)\, dt$$

her, indem die Funktion f(x) schrittweise aufintegriert wird. F(x) ist dann ein Maß für die Fläche unterhalb der Kurve f(x).

Anschließend wird die Funktion F(x) graphisch differenziert. Es zeigt sich dann zum anderen, dass die Ableitung der Integralfunktion F(x) wieder den Integranden f(x) ergibt. Beide Aussagen werden in Form einer Animation visualisiert.

Visualisierung des Fundamentalsatzes: Die Prozedur *Fundamentalsatz* stellt in Form von zwei Animationen den Zusammenhang zwischen dem Integranden und der Integralfunktion graphisch dar. Es wird gezeigt, dass durch schrittweises Aufintegrieren von f(x) die Integralfunktion ein Maß für die Fläche unterhalb der Kurve in Abhängigkeit der oberen Grenze darstellt als auch, dass die Ableitung der Integralfunktion wieder den Integranden ergibt.

Die erste Animation stellt den Funktionsgraphen (grün) sowie die Fläche unterhalb der Kurve für anwachsende x-Werte dar. Rot gezeichnet ist der zugehörige Flächenwert unterhalb der Kurve. Die zweite Animation geht von der Integralfunktion aus und differenziert diese schrittweise. Sowohl die Tangente an die Integralfunktion als auch die Ableitung werden blau gezeichnet. Die Ableitung stimmt dann genau mit der grün gezeichneten Kurve des Integranden überein!

```
>   with(fundsatz):
>   f:= x -> sin(x)/x:
>   a:=0.1: b:=20: n:=15:
>   Fundamentalsatz(f(x), x=a..b, n, view=-0.5..2);
```

Animation !

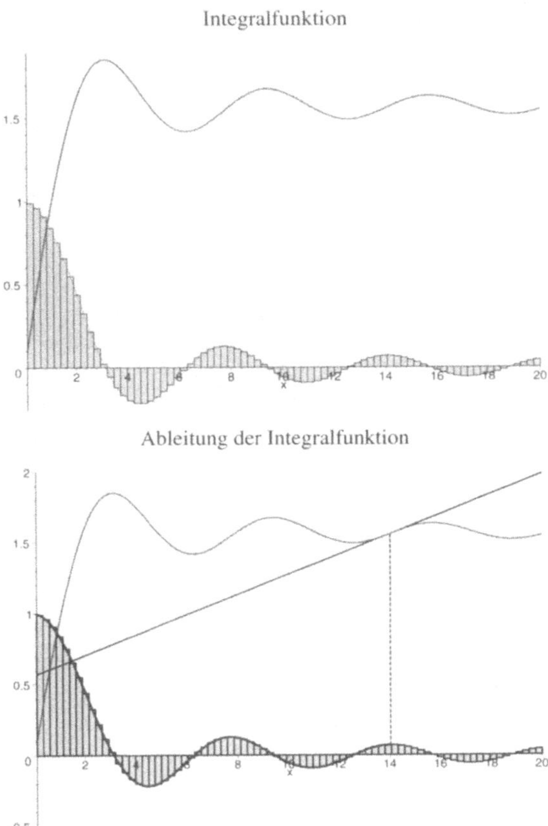

8.10 Rotationskörper

Autor: Thomas Westermann

Die in diesem Abschnitt beschriebenen Prozeduren stellen Rotationskörper graphisch dar, die durch Rotation einer Funktion $y = \mathrm{f}(x)$ an der x-Achse oder y-Achse entstehen. *xrotate* und **yrotate** berechnen das Volumen und die Mantelfläche eines Rotationskörpers, der um die x-Achse bzw. y-Achse rotiert. In beiden Fällen erfolgt eine dreidimensionale Darstellung des Körpers. Man beachte, dass die verwendeten Formeln nur Gültigkeit besitzen, wenn der Graph der Funktion $y = \mathrm{f}(x)$ die Rotationsachse nicht schneidet. Ansonsten muss y durch den Betrag von y ersetzt werden.

Graphische Darstellung eines Drehkörpers um die x-Achse: Die Prozedur *xrotate* bestimmt das Volumen und die Mantelfläche des Rotationskörpers, der durch Rotation eines Funktionsgraphen $y = \mathrm{f}(x)$ um die x-Achse entsteht, und stellt sowohl die Funktion als auch den Rotationskörper graphisch dar. Der Aufruf der Prozedur erfolgt wie der plot-Befehl ohne Optionen.

Gesucht ist das Volumen V_x und die Mantelfläche M_x des Körpers, der durch Rotation der Funktion $y = \sin(x)$ an der x-Achse im Intervall $[0, \pi]$ entsteht.

```
>   xrotate(sin(x),x=0..Pi);
```

$$\textit{Die Mantelfläche M des Rotationskörpers ist },$$

$$2\,\pi \int_0^\pi \sin(x)\,\sqrt{1 + \cos(x)^2}\,dx = 2\,\pi\,(\sqrt{2} + \ln(\sqrt{2} + 1))$$

$$M = 14.42359945$$

$$\textit{Das Volumen V des Rotationskörpers ist }, \pi \int_0^\pi \sin(x)^2\,dx = \frac{1}{2}\,\pi^2$$

$$V = 4.934802202$$

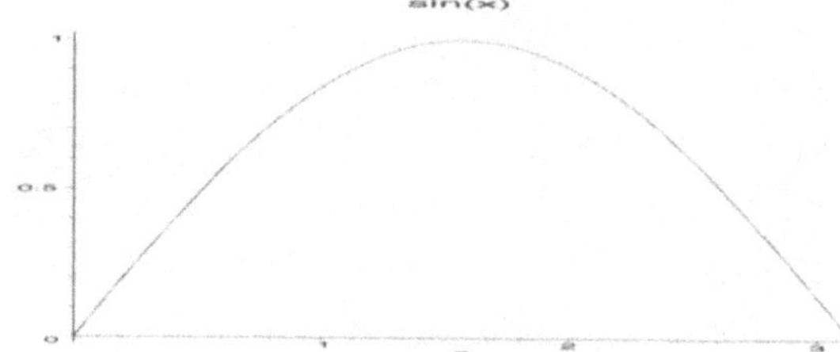

3D-Darstellung !

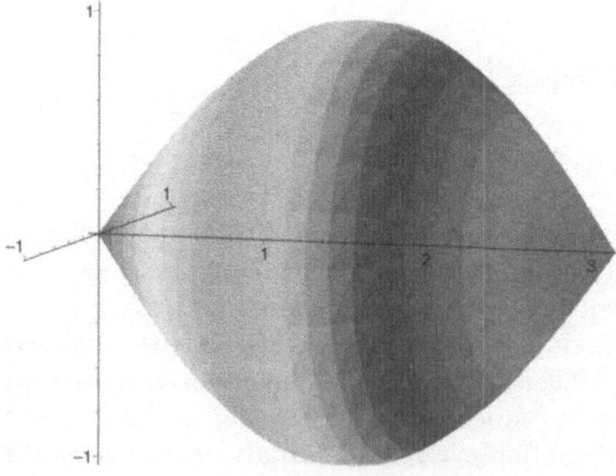

Weitere Themen auf der CD: Graphische Darstellung eines Drehkörpers um die y-Achse.

8.11 Darstellung der Konvergenz der Taylorreihe

Autor: Thomas Westermann

Die Prozedur **taylor1d** stellt den Annäherungsprozess der Taylorreihe an die Funktion mit wachsender Ordnung in Form einer Animation graphisch dar. Sie visualisiert die Konvergenz für eine Funktion in einer Variablen.

Gesucht ist die Taylorreihe der Sinusfunktion am Entwicklungspunkt $x = \frac{\pi}{3}$ bis zur Ordnung 15. Die Darstellung soll im x-Bereich von -10 bis 10 und im y-Bereich von -2 bis 2 erfolgen:

```
>   f(x) := sin(x):      #Funktion
>   x0 := Pi/3:          #Entwicklungspunkt
>   taylor1d(f(x), x=x0, 15, -10..10, -2..2);
```

Animation !

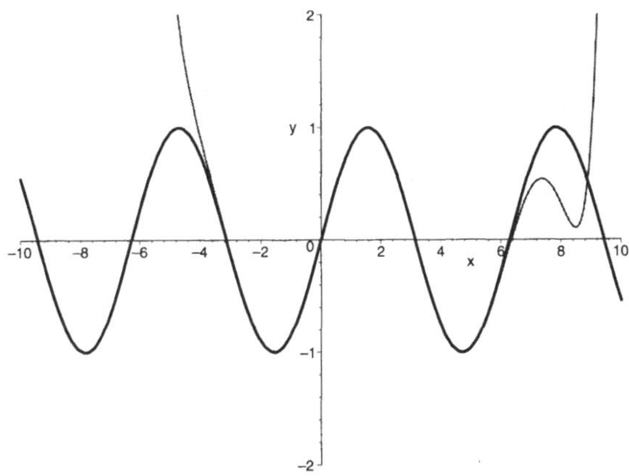

Quelle: Obige Prozedur wurde aus Kapitel VII (Funktionenreihen) des Lehrbuchs *T. Westermann, Mathematik für Ingenieure mit Maple (Band 1), Springer-Verlag 2000* entnommen.

9. Iterationsverfahren

9.1 Einschließungsverfahren

Autor: Thomas Westermann

Die in diesem Abschnitt beschriebenen Prozeduren bestimmen Nullstellen von stetigen Funktionen durch die Anwendung von numerischen Einschließungsverfahren, welche die gesuchte Nullstelle in einem kleinerwerdenden Intervall einschließen. Es wird sowohl die Bisektionsmethode *bise* (=Intervallhalbierungsverfahren) als auch das Pegasusverfahren **Pegasus** in Form einer Animation visualisiert. Voraussetzung für die Verfahren ist, dass die stetigen Funktionen an den Intervallgrenzen ein unterschiedliches Vorzeichen besitzen!

Graphische Darstellung des Bisektionsverfahrens: Das Bisektionsverfahren berechnet den Funktionswert in der Intervallmitte und ersetzt dann den Intervallrand durch die Mitte, welcher das gleiche Funktionsvorzeichen besitzt. Das Verfahren wird über den Aufruf der Prozedur *bise* durch eine Animation visualisiert, indem die Funktion zusammen mit den sich verkleinernden Intervallgrenzen als Graph gezeichnet werden. Der Aufruf der Prozedur erfolgt wie der plot-Befehl ohne Optionen. Gesucht ist die Nullstelle der Funktion $\sqrt{x} - 1$ im Intervall $[0.5;2]$.[1]

```
>   with(bisepeg): f:=sqrt(x)-1;
>   bise(f, x=0.5..2);
```

$$f := \sqrt{x} - 1$$

Die Nullstelle liegt nach 14 Iterationen bei $xi = .9999694830$

Animation !

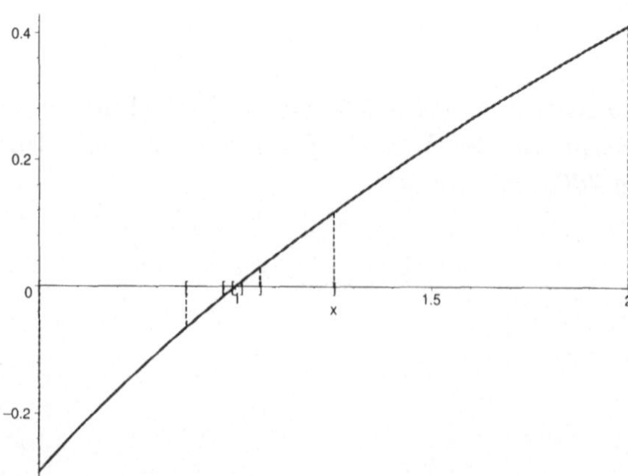

---

[1] Auf die Ausgabe der numerischen Werte wurde aus Platzgründen verzichtet!

Graphische Darstellung des Pegasusverfahrens: Das Pegasusverfahren bestimmt im Innnern des Intervalls durch ein modifiziertes Sekantenverfahren einen Punkt, der den Intervallrand mit dem gleichen Funktionsvorzeichen ersetzt. Der wesentliche Unterschied zum Intervallhalbierungsverfahren ist, dass das Zwischenintervall nicht mehr die Mitte der beiden aktuellen Grenzen ist, sondern der Schnittpunkt der Sekanten mit der x-Achse die neue Intervallgrenze liefert! Das Verfahren wird mit Hilfe der Prozedur **Pegasus** durch eine Animation visualisiert, indem die Funktion zusammen mit den jeweiligen Sekanten als Graph abgespielt werden. Der Aufruf der Prozedur erfolgt wie der plot-Befehl ohne Optionen.

Gesucht ist die Nullstelle der Funktion $x^3 - \sqrt{x^2 + 1}$ zwischen -2 und 2. Wir zeichnen daher die Funktion in diesem Bereich.

```
> f:=x^3-sqrt(x^2+1);
  plot (f,x=-2..2);
```

$$f := x^3 - \sqrt{x^2 + 1}$$

Die im Buch unterdrückte Ausgabe des plot-Befehls zeigt, dass eine Nullstelle dieser Funktion zwischen 1 und 2 liegt! Daher wird das Anfangsintervall der Iteration auf I = [1;1.8] gesetzt. Auch hier wurde auf die Ausgabe der numerischen Werte wurde aus Platzgründen verzichtet!

```
> Pegasus(f,x=1..1.8);
```

Die Nullstelle liegt nach 6 *Iterationen bei xi* $= 1.150963925$

Animation !

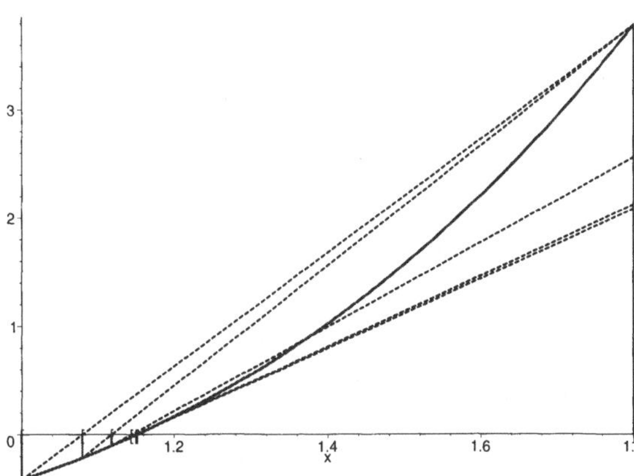

Die Konvergenz des Pegasusverfahrens ist in der Regel deutlich schneller als die des Bisektionsverfahrens.

Weitere Themen auf der CD: Numerische Ausgaben beider Verfahren.

9.2 Iterationsverfahren

Autor: Thomas Westermann

Die in diesem Abschnitt beschriebenen Prozeduren bestimmen Nullstellen von stetigen Funktionen durch die Anwendung iterativer Verfahren wie das Newtonverfahren und das Sekantenverfahren (=regula falsi). Diese Verfahren konvergieren im Gegensatz zu den Einschließungsverfahren in der Regel nur dann, wenn der Startwert (bzw. die beiden Startwerte im Falle der regula falsi) nahe der Nullstelle gewählt werden.

Graphische Darstellung des Newtonverfahrens: Die Prozedur *Newtonverf* bestimmt eine Nullstelle einer stetig-differenzierbaren Funktion durch das Newtonverfahren. Neben der Berechnung der Nullstelle durch das Newtonverfahren stellt sie noch eine graphische Animation des Annäherungsprozesses dar. Ausgehend von einem Startwert x_0 wird der Schnittpunkt der Tangente mit der x-Achse als neuer Wert der Iteration berechnet. Die Angabe des Intervalls beim Aufruf ist nur für die graphische Ausgabe, nicht aber für das Verfahren notwendig.

Gesucht ist eine Nullstelle der Funktion $-x^5 + \sqrt{x^2 + 1}$. Als Startwert wählen wir $x_0 = 2$ und visualisieren das Verfahren im Intervall [1;2].[2]

```
> with(newregfa):
> Newtonverf(-x^5+sqrt(x^2+1), x=1..2, 2);
```

Die Nullstelle liegt nach 6 *Iterationen bei* $xi = 1.080418427$

Animation !

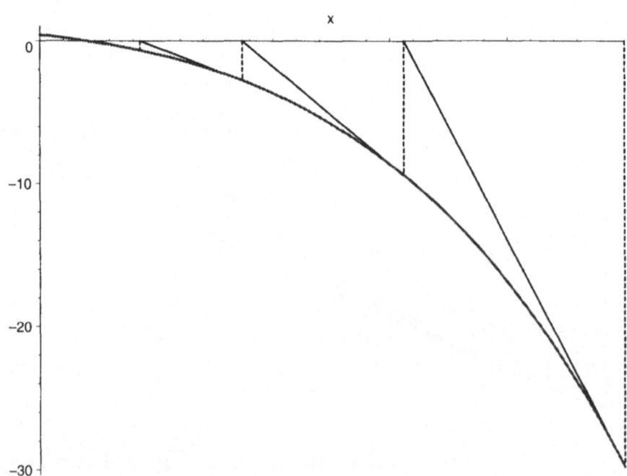

---

[2] Auf die Ausgabe der numerischen Werte wurde aus Platzgründen verzichtet!

Graphische Darstellung der regula falsi: Die Prozedur *refa* bestimmt eine Nullstelle einer stetigen Funktion durch das Sekantenverfahren (=regula falsi). Neben der Berechnung der Nullstelle durch das Sekantenverfahren stellt sie noch eine graphische Animation des Annäherungsprozesses dar. Ausgehend von den Startwerten x_0 und x_1 wird der Schnittpunkt der Sekanten mit der x-Achse als neuer Wert der Iteration berechnet. Die Angabe des Intervalls beim Aufruf ist nur für die graphische Ausgabe, nicht aber für das Verfahren notwendig.

Gesucht ist eine Nullstelle der Funktion $-x^5 + \sqrt{x^2 + 1}$. Als Startwerte wählen wir $x_0 = 1.8$ und $x_1 = 2$ und visualisieren das Verfahren im Intervall [1;2].

```
>  with(newregfa):
>  refa(-x^5+sqrt(x^2+1), x=1..2, 2, 1.8);
```

```
   Nach der 1. Iteration ist die NS bei 1.36249736

   Nach der 2. Iteration ist die NS bei 1.22275201

   Nach der 3. Iteration ist die NS bei 1.13567846

   Nach der 4. Iteration ist die NS bei 1.09358246

   Nach der 5. Iteration ist die NS bei 1.08180271

   Nach der 6. Iteration ist die NS bei 1.08045517

   Nach der 7. Iteration ist die NS bei 1.08041853

   Nach der 8. Iteration ist die NS bei 1.08041843
```

Die Nullstelle liegt nach 8 Iterationen bei xi = 1.080418427

Animation !

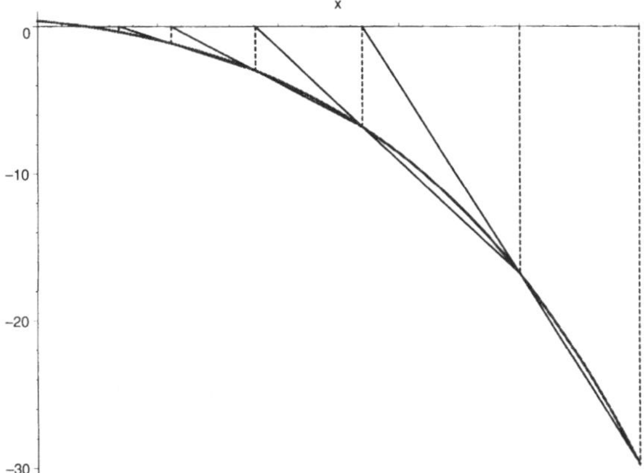

Weitere Themen auf der CD: Weitere Beispiele.

9.3 Iterationsverfahren — Von Newton zu Feigenbaum

Autor: Michael Laule

In diesem Arbeitsblatt werden zwei Näherungsverfahren – das Newtonverfahren und das sog. allgemeine Iterationsverfahren – mit entsprechenden Anwendungen vorgestellt. Beide Verfahren werden durch Bildfolgen graphisch erläutert. Das Langzeitverhalten verschiedener Iteratoren f_a läßt sich untersuchen, und ein Diagramm der Attraktoren aller Funktionen f_a - das Feigenbaumdiagramm (Mitchell J. Feigenbaum, amerikanischer Physiker) - wird für a aus einem einzugebenden Intervall gezeichnet.

Graphische Darstellung des allgemeinen Iterationsverfahrens $x_{n+1} = \mathbf{f}(x_n)$:

Eingabe einer Funktion f:

```
>   f:=x->2.8*x*(1-x);
```

Eingabe des Startwertes s und der Anzahl n der Schritte:

```
>   s:=0.2: n:=20:
>   Iteriere2(f,s,n);
```

$$f := x \rightarrow 2.8\,x\,(1 - x)$$

Animation !

Graphische Darstellung des allgemeinen Iterationsverfahrens

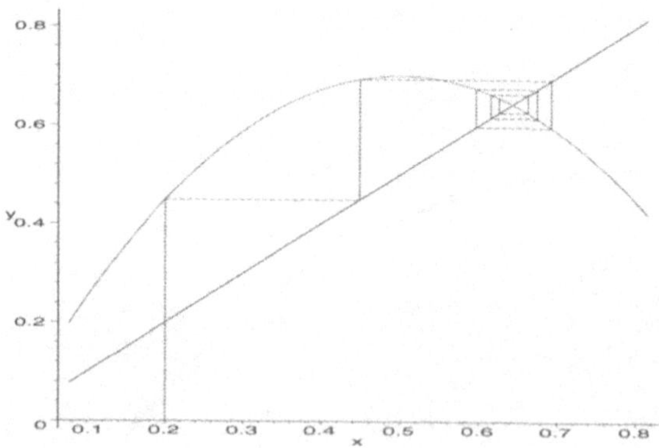

Der Pfad beginnt dabei immer im Punkt P($s\,|\,0$) der x-Achse bzw. Q($s\,|\,\mathrm{f}(s)$) der Kurve. Anschließend läuft er abwechselnd nach rechts oder links zur Winkelhalbierenden und auf- oder abwärts zur Kurve.

Feigenbaumdiagramm: Die Prozedur ***Feigenbaum*** zeichnet das Feigenbaumdiagramm (Endzustands-Diagramm) des Iterators f_a mit $x \mapsto f_a(x)$. Nach Übergabe der Funktion f_a, des Startwertes *von*, des Endwertes *bis* und der Schrittweite *sw* werden für $a = von$, $a = von + sw,\ldots$, $a = bis$ jeweils 50 Iterationen x_1, $x_2,\ldots$, x_{50} berechnet und davon die Wertepaare $(a\,|\,x_{35}),\ldots$, $(a\,|\,x_{50})$ in das Diagramm eingetragen.

Eingabe der Funktion f_a:

```
>   f:=x->a*x*(1-x);
```

Eingabe des Intervalls und der Schrittweite:

```
>   von:=2.88:bis:=3.7:sw:=0.005:
```

```
>   Feigenbaum(f,von,bis,sw);
```

$$f := x \to a\,x\,(1 - x)$$

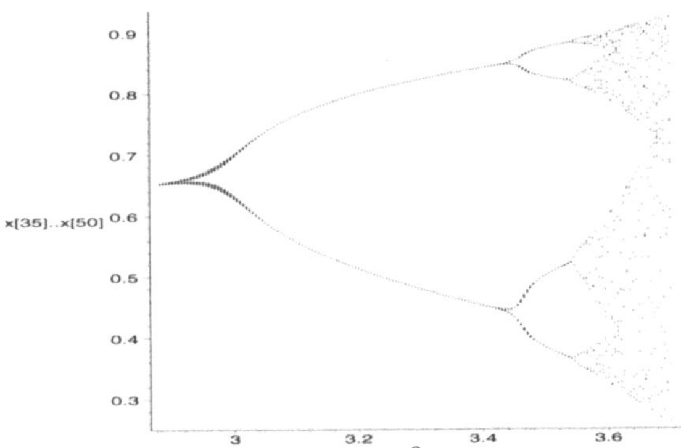

Weitere Themen auf der CD: Mit Hilfe der Iterationsvorschrift $x_{n+1} = x_n - \frac{f(x_n)}{f'(x_n)}$ nach Newton erzeugt die Prozedur ***Newton1*** numerisch eine Folge (x_n) von Näherungslösungen der Gleichung $f(x) = 0$. Eine entsprechende graphische Darstellung des Newtonverfahrens liefert die Animation ***Newton2***. Die Prozedur ***Iteriere1*** berechnet ausgehend von einem Startwert s numerisch die ersten n Glieder der Folge (x_n) mit $x_{n+1} = f(x_n)$. Ein Schaubild der Folge (x_n) mit $x_{n+1} = f(x_n)$ wird durch die Prozedur ***Zeitreihe*** gezeichnet.

9.4 Näherung von Pi über Vielecke

Autor: Lothar Diemer

Die in diesem Worksheet beschriebenen Prozeduren ermöglichen die näherungsweise Bestimmung von π mithilfe der Methode der einbeschriebenen und umbeschriebenen regelmäßigen Vielecke, über deren (Teil-)Flächeninhalte dann nach Division durch r^2 die Näherung erfolgt. Die umbeschriebenen Vielecke entstehen durch zentrische Streckung aus den einbeschriebenen. Abhängig von der Zahl der Ecken beim Start —üblicherweise Dreiecke oder Vierecke— werden insgesamt fünf Eckenverdopplungen, also z.B. die Folge 3-, 6-, 12-, 24-,48-, 96-Eck bzw. 4-, 8-, 16-, 32-, 64-, 128-Eck berechnet und gezeichnet.

Graphische Darstellung der einbeschriebenen Vielecke: Die Prozedur *e_Vieleck* zeichnet den Einheitskreis und einbeschriebene Vielecke, wobei der Startwert (Eckenzahl) übergeben werden muss. Zur besseren Übersicht wird empfohlen, die Grafik auf Bildschirmgröße aufzuziehen.

```
> e_Vieleck(3);
```

Animation !

Eckenzahl : *[3, 6, 12, 24, 48, 96]*

Naeherung fuer Pi : *[1.2990, 2.5980, 2.9999, 3.1057, 3.1325, 3.1392]*

Einbeschriebene Vielecke: Start mit 3-Eck

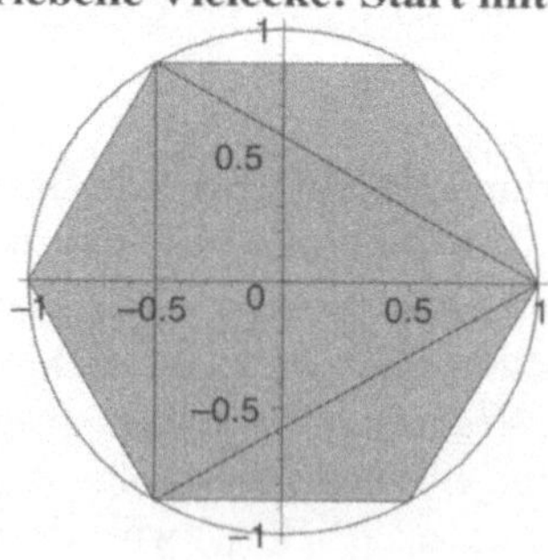

Weitere Themen auf der CD: Ein Beispiel für umbeschriebene Vielecke, Berechnungen, Herleitung.

10. Funktionen mit mehreren Variablen

10.1 Differentialrechnung für Funktionen von mehreren Variablen

Autor: Thomas Westermann

Diese Ausarbeitung stellt eine Einführung in die Visualisierung von Funktionen mit zwei Variablen und einfacher Begriffe für diese Funktionen dar. Zunächst erfolgt die graphische Darstellung von Funktionen mit zwei Variablen durch Standard-Maple-Befehle. Anschließend stellt die Prozedur **Part** die partiellen Ableitungen einer Funktion in zwei Variablen dreidimensional dar. Die Tangentialebene wird durch die Prozedur **tang_ebene** visualisiert. Mit den Maple-Befehlen **gradplot** bzw. **gradplot3d** können Gradienten einer Funktion mit zwei bzw. drei Variablen als Vektorgraphik dargestellt werden.

Graphische Darstellung von Funktionen mit zwei Variablen: Maple bietet vielfältige Möglichkeiten zur Darstellung von Funktionen mit zwei Variablen an. Der grundlegende Befehl ist **plot3d**. Als Beispiel wird das elektrostatische Potential eines elektrischen Monopols dargestellt. Die *view*-Option schränkt dabei den dargestellten Wertebereich ein, *axes=boxed* erzwingt die Angabe der Koordinatenachsen. Zusätzlich zum Graphen werden durch die Option *style=patchcontour* Höhenlinien berechnet und eingezeichnet:

```
> Phi:=1/(4*Pi*epsilon)*(q/sqrt(x^2+y^2)):
  epsilon:=8.8e-12:q:=1.6e-19:
> plot3d(Phi,x=-0.001..0.001,y=-0.001..0.001,view=0..0.00001,
  axes=boxed,contours=20,style=patchcontour);
```

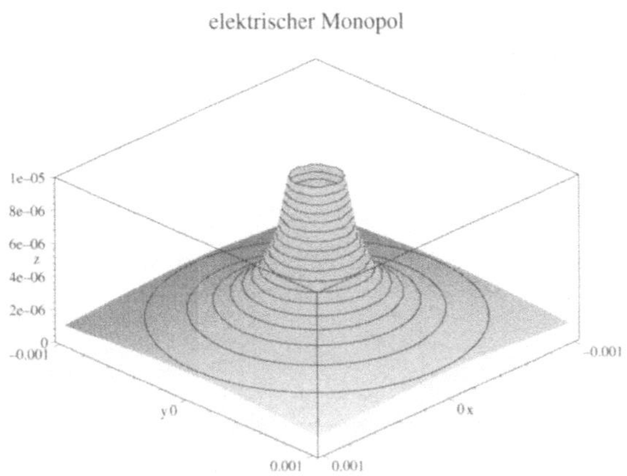

Darstellung der partiellen Ableitungen einer Funktion mit zwei Variablen: Die Prozedur *Part* berechnet die partiellen Ableitungen einer Funktion mit zwei Variablen nach x oder y und stellt die Funktion zusammen mit der jeweiligen Tangente in einem Schaubild graphisch dar. Erfolgt der Aufruf der Prozedur *Part* mit dem zweiten Argument *1*, so wird die *partielle Ableitung nach x* berechnet. Analog erfolgt der Aufruf der Prozedur für die *partielle Ableitung nach y* mit einer *2* als zweitem Argument. Das dritte Argument gibt den Punkt an, in dem die partielle Ableitung der Funktion stattfinden soll.

```
>   f(x,y):=exp(-x^2-y^2): x0:=0.2: y0:=0.2:
>   Part(f(x,y),1,[x0,y0]);
```

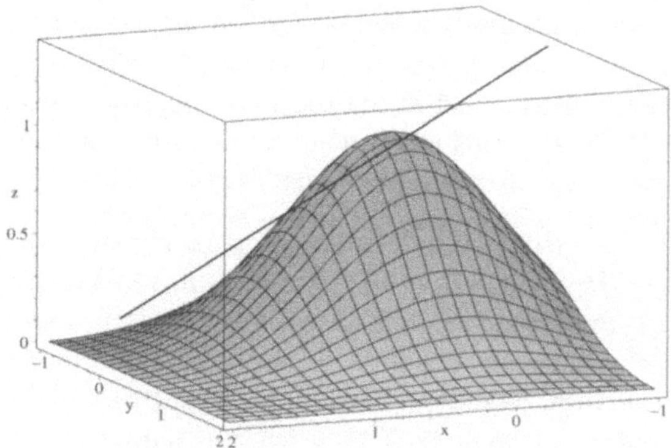

Graphische Darstellung der Tangentialebene: Die Prozedur *tang_ebene* berechnet die partiellen Ableitungen einer Funktion mit zwei Variablen und stellt die Funktion zusammen mit der Tangentialebene in einem Schaubild graphisch dar.

```
>   x0:=0.15: y0:=0.15: tang_ebene(f(x,y), [x0, y0]);
```

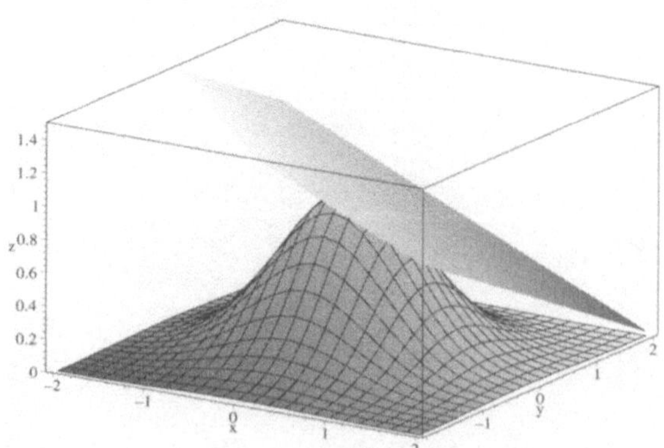

Gradient: Mit dem Befehl *gradplot* bzw. *gradplot3d* aus dem *plots*-Paket können Gradienten einer Funktion mit zwei bzw. drei Variablen als Vektorgraphik dargestellt werden. Gesucht ist der Gradient und das Gradientenschaubild der 2-dimensionalen Funktion f2.[1]

```
>  f2:=(x^2+y^2+1)^(1/2);
```

$$f2 := \sqrt{x^2 + y^2 + 1}$$

```
>  with(linalg, grad):
   grad( f2, [x,y]);
```

$$\left[\frac{x}{\sqrt{x^2 + y^2 + 1}}, \frac{y}{\sqrt{x^2 + y^2 + 1}} \right]$$

```
>  with(plots):
   gradplot(f2, x=-2..2, y=-2..2, arrows=SLIM,
   color = x^2+2*y^2+1);
```

Weitere Themen auf der CD: Graphische Darstellung von Funktionen mit zwei Variablen.

10.2 Darstellung der Konvergenz zweidimensionaler Taylorreihen

Autor: Thomas Westermann

Die Prozedur *taylor2d* stellt die Konvergenz der Taylorreihe für eine Funktion mit zwei Variablen mit wachsender Ordnung graphisch dar. Die Visualisierung des Annäherungsprozesses erfolgt in Form einer dreidimensionalen Animation.

Gesucht ist die Darstellung der Taylorreihe der Funktion $e^{(-x^2-y)}$ am Entwicklungspunkt $(0|0)$ bis zur dritten Ordnung:

```
>  f(x,y):=exp(-x^2-y);     #Funktion
>  x0:=0.:                  #Entwicklungspunkt
   y0:=0.:
>  with(taylor2):
>  taylor2d(f(x,y), [x0, y0], 3);
```

$$f(x, y) := e^{(-x^2-y)}$$

---

[1] Die graphische Ausgabe wurde aus Platzgünden unterdrückt!

animierte 3D-Darstellung !

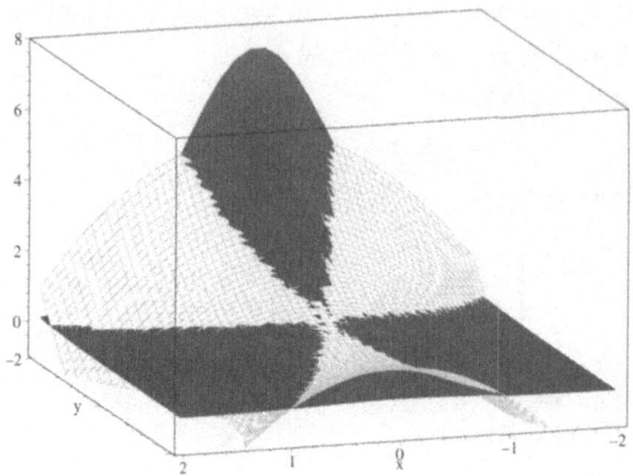

10.3 Ausgleichsrechnung

Autor: Thomas Westermann

Durch Messungen, welche die Abhängigkeit einer Größe y von einer anderen Größe x ermittelt, seien n Wertepaare $(x_1, y_1), \ldots, (x_n, y_n)$ erfasst worden. Die Aufgabe der Ausgleichsrechnung besteht darin, eine Funktion f(x) zu finden, die sich einerseits den vorliegenden Punkten möglichst gut anschmiegt und die andererseits einen möglichst glatten Verlauf besitzt. Die Prozedur **regressionsgerade** bestimmt zu einer Liste von Wertepaaren die Regressionsgerade und stellt diese zusammen mit den Wertepaaren graphisch dar. Die Prozedur **ausgleich** passt zu einer Liste von Wertepaaren und vorgegebenem Polynomausdruck die freien Parameter an und stellt diese zusammen mit den Wertepaaren graphisch dar. Dabei wird die Summe der Abstandsquadrate gebildet, die Summe partiell nach den Parametern differenziert und gleich Null gesetzt. Anschließend werden die Gleichungen nach den Parametern aufgelöst. Es erfolgt sowohl die Berechnung der Parameter als auch das Abstandsquadrat.

Berechnung der Regressionsgeraden: Die Prozedur *regressionsgerade* bestimmt zu einer Liste aus vorgegebenen Wertepaaren $[[x_1, y_1], \ldots, [x_n, y_n]]$ die Parameter a und b der Ausgleichsgeraden $y = ax + b$ und zeichnet sowohl die Messwerte als auch die Regressionsgerade in ein Schaubild.

```
>   with(ausglch):
>   werte := [[0,3],[1,5],[2,7],[3,8],[4,10],[5,10]];
>   regressionsgerade(werte, view=[0..5.5,2..11]);
```

$$werte := [[0, 3], [1, 5], [2, 7], [3, 8], [4, 10], [5, 10]]$$

$$\text{Die Regressionsgerade lautet, } \frac{51}{35}\,x + \frac{74}{21}$$

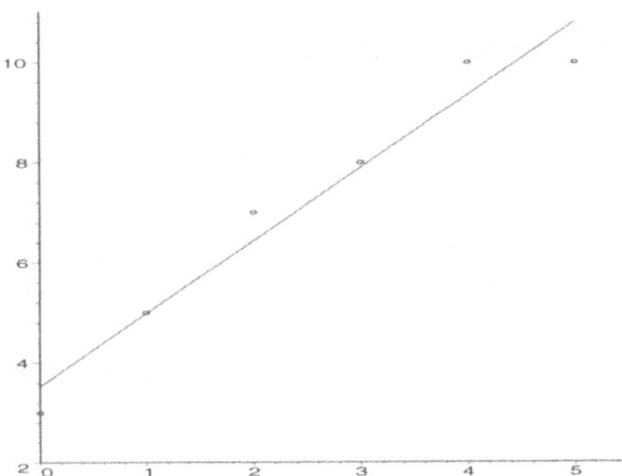

Bestimmung eines Ausgleichspolynoms: In Verallgemeinerung der Vorgehensweise bei der Berechnung der Parameter der Ausgleichsgeraden bestimmt die Prozedur *ausgleich* die freien Parameter einer vorgegebenen Polynomfunktion nach der Methode der kleinsten Quadrate. Das folgende Schaubild zeigt das Ergebnis für die obengenannten Werte.

```
> ausgleich(a*x^2+b*x+c, [a, b, c], werte);
```

$$\text{Die Ausgleichsfunktion lautet } -\frac{5}{28}\,x^2 + \frac{47}{20}\,x + \frac{41}{14}$$

$$\text{Das Abstandsquadrat ist } .4857142857$$

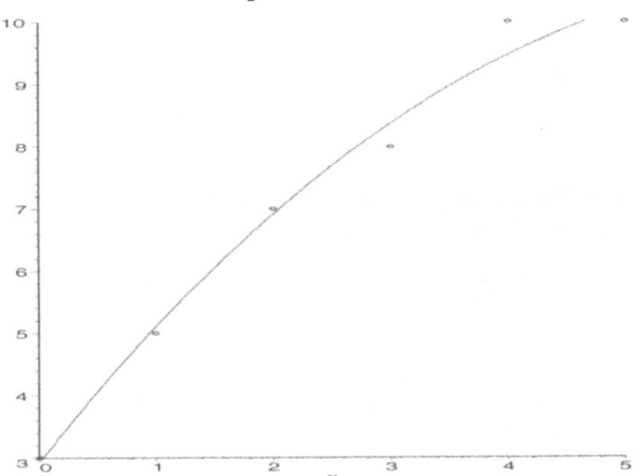

Man erkennt, dass sich die Parabel besser dem qualitativen Verlauf der Punkte anpasst als die Ausgleichsgerade.

Interpolationspolynom: Wählt man den Grad des Ausgleichspolynoms gleich $n - 1$, wenn n die Anzahl der Wertepaare ist, dann erhält man das Interpolationspolynom und das Abstandsquadrat ist Null.

```
>   ausgleich(a*x^5+b*x^4+c*x^3+d*x^2+e*x+f, [a, b, c, d, e, f],
    werte, view=[0..5,2..12]);
```

$$\textit{Die Ausgleichsfunktion lautet } -\frac{1}{15}\,x^5 + \frac{19}{24}\,x^4 - \frac{13}{4}\,x^3 + \frac{125}{24}\,x^2 - \frac{41}{60}\,x + 3$$

$$\textit{Das Abstandsquadrat ist } 0$$

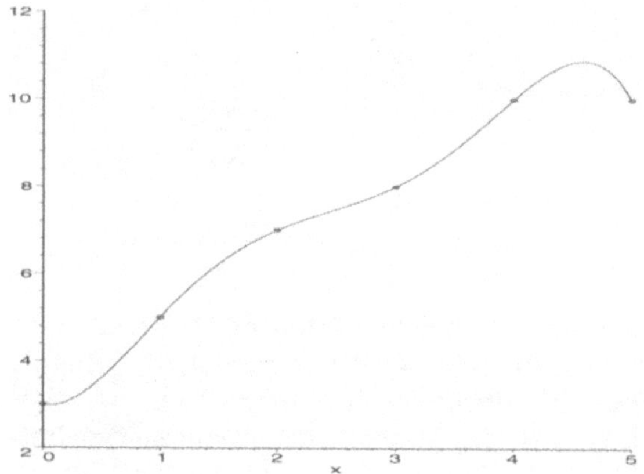

Wie man dem Schaubild entnimmt, geht die Kurve durch alle Messwerte hindurch. Man beachte allerdings, dass es zur Bestimmung des Interpolationspolynoms geeigneter Methoden gibt als über die aufwändige Berechnung der Ausgleichsfunktion.

Quelle: Die Prozeduren dieser Ausarbeitung wurden aus Kapitel X (Differentialrechnung für Funktionen von mehreren Variablen) des Lehrbuchs T. Westermann, „Mathematik für Ingenieure mit Maple (Band 2)", Springer-Verlag Heidelberg 1997, entnommen.

11. Vektoranalysis

11.1 Gradient

Autoren: Volker Ceh, Armin Jerger

Diese Ausarbeitung visualisiert den Begriff des Gradienten einer Funktion. Nach einer Begriffserläuterung, in der auch die Berechnung des Gradienten mit Maple beschrieben wird, folgt zunächst die Darstellung einer Funktion von zwei Variablen als dreidimensionales Schaubild, das in einer Animation zu einer Höhenliniendarstellung übergeht. Anschließend erfolgt die Darstellung des Gradienten zusammen mit den Höhenlinien der Funktion. Zum Abschluss vertiefen Beispiele aus der Physik den Begriff des Gradienten.

Der Maple-Befehl aus dem Paket *linalg* zur Berechnung des Gradienten lautet *grad:*

```
> with(linalg, grad):
> Gradient:=grad(f(x,y,z),[x,y,z]);
```

$$Gradient := \left[\tfrac{\partial}{\partial x}\, f(x,\, y,\, z),\ \tfrac{\partial}{\partial y}\, f(x,\, y,\, z),\ \tfrac{\partial}{\partial z}\, f(x,\, y,\, z) \right]$$

Gradient einer Funktion von zwei Variablen: Um den Gradienten der Funktion zu erhalten, muss die Funktion f(x,y) partiell nach x und y abgeleitet werden. Das Ergebnis ist eine vektorielle Funktion. Der resultierende Vektor zeigt für jeden beliebigen Punkt jeweils in die Richtung der größten Funktionszunahme (und steht damit senkrecht auf den Niveauflächen der Funktion).

Da der Gradient ein Vektorfeld ist, besitzt er in jedem Punkt des Raumes einen Betrag und eine Richtung. Dies kann mit Hilfe von Pfeilen dargestellt werden, wobei die Pfeillänge dem Betrag entspricht. Der Befehl *gradplot* ermöglicht es, beliebige 2-dimensionale Funktionen mit Hilfe von Pfeilen als Vektorfeld darzustellen. Mit der Option *arrows* kann die Form bzw. Dicke der Pfeile verändert werden.

```
> with(plots):
> f := 4/(1+x^2+y^2):
> p1:=gradplot(f,x=-2..2,y=-2..2, arrows=THICK, grid=[10,10],
  color=red):
> p2:=contourplot(f, x=-3..3, y=-3..3, grid=[30,30],
  contours=10, color=black):
  ttl:='Hoehenlinien u. Gradient der Funktion f':
> display([p1,p2],scaling=constrained, title=ttl);
```

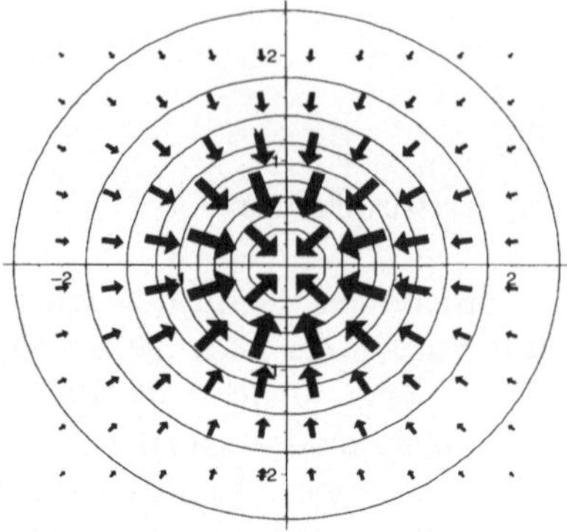

An diesem Plot erkennt man, dass die Vektorpfeile senkrecht zu den Höhenlinien stehen. Die Größe der Pfeile und damit der Betrag des Gradienten ist
ein Maß für die Änderung des Funktionswertes senkrecht zu den Höhenlini-
en. Sind die Höhenlinien eng beieinander bzw. ist die Steigung der Funktion
an diesem Ort groß, so ist der Betrag des Gradienten ebenfalls groß und die
Vektorpfeile werden dicker dargestellt.

Gradient einer Funktion von drei Variablen: Im folgenden Plot wird
der Gradient einer Funktion mit 3 Variablen als Pfeile dreidimensional im
Raum durch den Maple-Befehl *gradplot3d* dargestellt.

```
>   with(plots):
>   f2:=-1/(1+x^2+y^2+z^2);
>   gradplot3d(f2,x=-2..2,y=-2..2,z=-1..1,axes=boxed,
    orientation=[20,62], color=red, grid=[5,5,5], arrows=THICK);
```

3D-Darstellung !

$$f2 := -\frac{1}{1 + x^2 + y^2 + z^2}$$

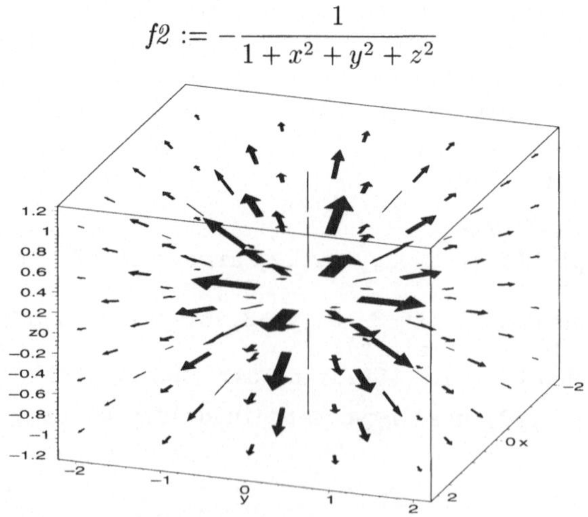

Weitere Themen auf der CD: Begriffserläuterung und Berechnung des Gradienten; Darstellung einer Funktion von zwei Variablen; Beispiele aus der Physik (Potential und elektrisches Feld einer Punktladung, Potential und elektrisches Feld eines Quadrupols, Potential und elektrisches Feld eines Wassermoleküls).

11.2 Divergenz

Autoren: Volker Ceh, Armin Jerger

Diese Ausarbeitung visualisiert den Begriff der Divergenz eines Vektorfeldes. Nach einer Begriffserläuterung wird die Berechnung der Divergenz mit Maple beschrieben. Die Darstellung der Divergenz einer Funktion von zwei Variablen erfolgt durch den *plot3d*-Befehl. Ein Beispiel aus der Physik soll den Begriff und die Bedeutung der Begriffs hervorheben.

Allgemeine Rechenvorschrift für die Divergenz: Die Maple-Anweisung *diverge* aus dem *linalg*-Paket berechnet die Divergenz einer vektoriellen Funktion. Das Ergebnis ist eine skalare Funktion. v_f soll hierbei eine vektorielle Funktion sein, die aus den Komponenten f_x, f_y und f_z besteht. Die Variablen der Funktion sind x, y, z.

```
> vf:=[fx(x,y,z),fy(x,y,z),fz(x,y,z)];
```

$$vf := [\mathrm{fx}(x,\,y,\,z),\ \mathrm{fy}(x,\,y,\,z),\ \mathrm{fz}(x,\,y,\,z)]$$

Der *diverge*-Befehl besitzt im Normalfall zwei Parameter: der erste gibt die zu berechnende Vektorfunktion, der zweite die abhängigen Variablen (innerhalb einer eckigen Klammer und durch Kommas getrennt) der Funktion an. Die Anzahl der Variablen gibt die Dimension der Vektorfunktion an.

```
> with(linalg,diverge):
> Divergenz:= diverge(vf,[x,y,z]);
```

$$Divergenz := \left(\tfrac{\partial}{\partial x}\,\mathrm{fx}(x,\,y,\,z)\right) + \left(\tfrac{\partial}{\partial y}\,\mathrm{fy}(x,\,y,\,z)\right) + \left(\tfrac{\partial}{\partial z}\,\mathrm{fz}(x,\,y,\,z)\right)$$

In der folgenden Zeile kann eine beliebige Vektorfunktion von zwei Variablen eingegeben werden. Diese wird dann zuerst durch den *fieldplot3d*-Befehl graphisch dargestellt. Anschließend berechnet man mit dem *diverge*-Befehl die Divergenz des Vektorfeldes und stellt diese skalare Funktion mit dem *plot3d*-Befehl graphisch dar.

Definition des Vektorfeldes als Funktion von zwei Variablen:

```
> vf:= 1/(x^2+y^2+1) * [ x^2, y, 0];
```

$$vf := \frac{[x^2,\,y,\,0]}{x^2 + y^2 + 1}$$

Darstellung des Vektorfeldes in der (x,y)-Ebene:

```
> fieldplot([evalm(vf)[1],evalm(vf)[2]],x=-10..10,y=-10..10,
  axes=boxed, color=red, grid=[8,8], arrows=THICK);
```

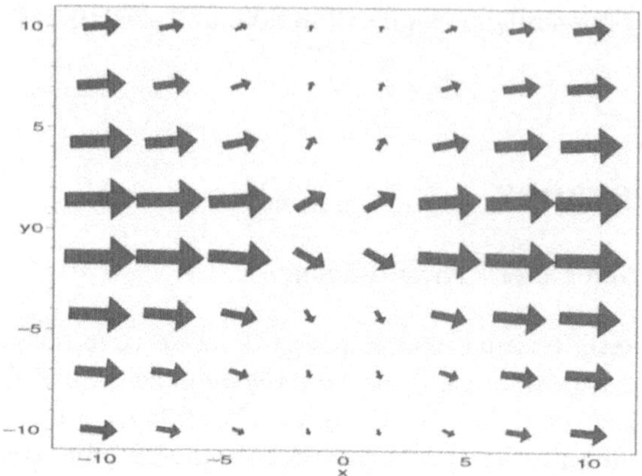

Berechnung der Divergenz:

```
> Divergenz:=simplify(diverge(evalm(vf), [x,y,z]));
```

$$Divergenz := \frac{2\,x\,y^2 + 2\,x - y^2 + x^2 + 1}{(x^2 + y^2 + 1)^2}$$

Graphische Darstellung der Divergenz:

```
> plot3d(Divergenz,x=-10..10,y=-10..10, style=patchnogrid,
  orientation=[45,-120],axes=framed,
  shading=zgreyscale,title='Divergenz eines Vektorfeldes');
```

3D-Darstellung !

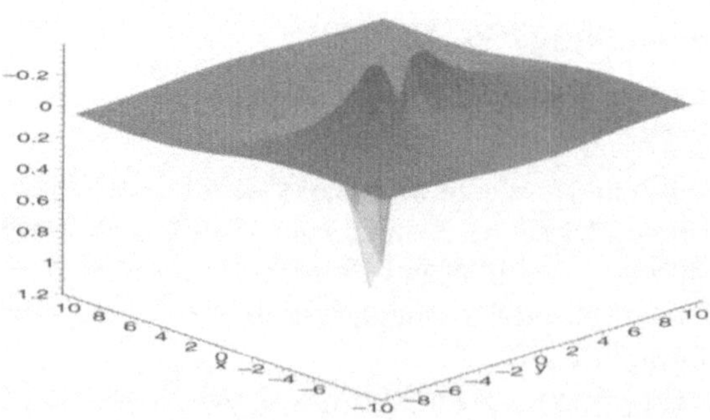

Weitere Themen auf der CD: Begriffserläuterung und Berechnung der Divergenz; Beispiele aus der Physik (Feld und Raumladungsdichte einer Glühkathode, Feld und Raumladungsdichte einer Punktladung, Raumladungsdichte einer Kugel mit homogener Ladungsverteilung).

11.3 Rotation

Autoren: Volker Ceh, Armin Jerger, Thomas Westermann

Diese Ausarbeitung visualisiert den Begriff der Rotation. Dazu wird von einem zweidimensionalen Geschwindigkeitsfeld ausgegangen. Bevorzugterweise stelle man sich eine Strömung in der (x,y)-Ebene vor. In diese Strömung werden Kugeln mit der gleichen Dichte wie die der Flüssigkeit eingetaucht. Die Drehung der Kugeln an unterschiedlichen Stellen entspricht der Rotation des Geschwindigkeitsfeldes.

Allgemeine Rechenvorschrift für die Rotation: Die Rotation wird in Maple mit dem Kommando *curl* aus dem Paket *linalg* berechnet. Die Rotation gibt als vektorielle Funktion Stärke und Richtung der im vektoriellen Feld auftretenden Wirbel an. Ein Vektor lässt sich mit dem gleichnamigen Befehl *vector* erzeugen. F sei hierbei ein dreidimensionaler Vektor:

```
> F:=vector([fx(x,y,z),fy(x,y,z),fz(x,y,z)]);
```

$$F := [\mathrm{fx}(x,\,y,\,z),\, \mathrm{fy}(x,\,y,\,z),\, \mathrm{fz}(x,\,y,\,z)]$$

Als Ergebnis der Rotation erhält man ebenfalls eine vektorielle Funktion:

```
> with(linalg,curl):
> Rot:=matrix(3,1, curl(F,[x,y,z]) );
```

$$Rot := \begin{bmatrix} (\frac{\partial}{\partial y}\,\mathrm{fz}(x,\,y,\,z)) - (\frac{\partial}{\partial z}\,\mathrm{fy}(x,\,y,\,z)) \\ (\frac{\partial}{\partial z}\,\mathrm{fx}(x,\,y,\,z)) - (\frac{\partial}{\partial x}\,\mathrm{fz}(x,\,y,\,z)) \\ (\frac{\partial}{\partial x}\,\mathrm{fy}(x,\,y,\,z)) - (\frac{\partial}{\partial y}\,\mathrm{fx}(x,\,y,\,z)) \end{bmatrix}$$

Darstellung der Rotation einer Funktion mit zwei Variablen: Ein anschauliches Beispiel für die Kennzeichnung eines Vektorfeldes v durch seine Rotation liefert eine Wasserströmung. Die Wasserströmung sei in unserem Beispiel gegeben durch ein Geschwindigkeitsfeld v(x,y), wobei die Geschwindigkeit der Flüssigkeit in x-Richtung vom y-Wert abhängt. Dabei stellt die Prozedur *Rotation* das Vektorfeld einer zweidimensionalen Vektorfunktion graphisch dar. (Falls der Parameter *frames* gleich Null gesetzt wird, erfolgt nur die Darstellung der Strömungsgeschwindigkeit.) Um die Rotation (=Drehgeschwindigkeit) zu visualisieren, setzen wir zwei Kugeln mit unterschiedlichen y-Positionen (Kugel1: y=3cm bzw. Kugel2: y=7cm) in die Strömung. Die Dichte der Kugeln sei genau so groß wie die Dichte des Wassers, so dass die Kugeln in der Strömung schweben. Gibt es Wirbel in der Strömung dann beginnen sich die Kugeln zu drehen. Die Rotationsachse gibt die Richtung von rot(v) an. Die Wirbelgeschwindigkeit in Bezug auf die Drehachse ist proportional zum Betrag von rot(v).

```
> v := [y, 0]:
> with(rotation):
  Rotation(v, x=0.1..10,y=0.1..10, [3,3], [7,7], frames=10);
```

Animation !

"Die Rotation des Vektorfeldes v lautet: ", [0, 0, −1.0]

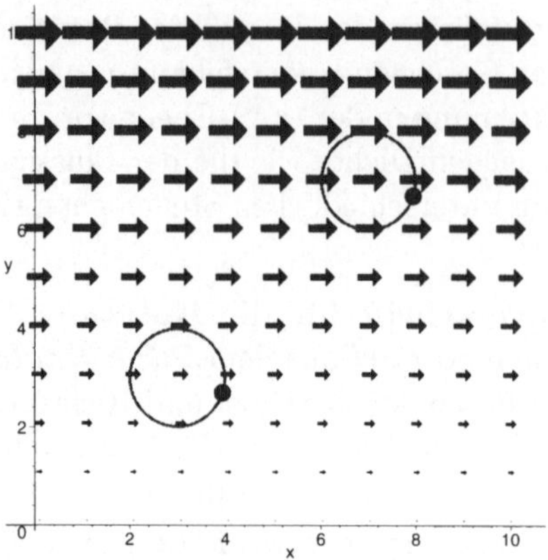

Aus dem Diagramm wird ersichtlich:

- v ist ein Strömungsfeld, das in x-Richtung zeigt.
- Die Stärke des Feldes und damit die Größe der Vektorpfeile ist in x-Richtung konstant und nimmt in y-Richtung linear zu.
- Da die Geschwindigkeit der Flüssigkeit an der Oberkante der Kugeln größer ist als an der Unterkante, drehen sich die Kugel im Uhrzeigersinn.

Die lokale Geschwindigkeit der Flüssigkeit ist nur von der y-Position abhängig und beträgt an der Oberkante von Kugel1 4 $\frac{m}{s}$ und an der Unterkante 2 $\frac{m}{s}$, an der Oberkante von Kugel2 8 $\frac{m}{s}$ und an der Unterkante 6 $\frac{m}{s}$. Die Differenz zwischen der Geschwindigkeit an Oberkante und Unterkante ist daher für beide Kugeln gleich (2 $\frac{m}{s}$). Beide Kugeln drehen sich also mit der gleichen Geschwindigkeit (bedingt durch das lineare Anwachsen der Strömungsgeschwindigkeit in y-Richtung). Führt man diese Betrachtung nun für weitere y-Positionen durch, so erhält man das gleiche Ergebnis. Die Kugeln drehen sich also unabhängig von ihrer y-Position gleich schnell.

Info: Die Arbeiten zum Kapitel Vektoranalysis wurden teilweise aus dem Förderprogramm „Leistungsanreize in der Lehre (LARS)" des Ministeriums für Wissenschaft und Forschung, Baden-Württemberg, 1997/98 gefördert.

Weitere Themen auf der CD: Begriffserläuterung und Berechnung der Rotation; Hagen-Poiseuillesches Gesetz; weitere Beispiele.

12. Wachstums- und Zerfallsprozesse

12.1 Simulation dynamischer Systeme

Autor: Georg Wilke

Versucht man reale Wachstums- oder Zerfallsprozesse mathematisch zu beschreiben, so liegt die Einführung einer Größe nahe, die ein Maß für den betrachteten, wachsenden oder zerfallenden Gegenstand ist. Diese Größe nennt man *Bestandsgröße B*. Je nach Zusammenhang kann dies z.B. die Anzahl von Kaninchen in einem gewissen Areal, der Durchmesser einer Fichte, die Temperatur einer Teetasse o.ä. sein. Ein funktionaler Zusammenhang liegt auf der Hand. Die Funktion, die die Bestandsgröße zu einem bestimmten Zeitpunkt t angibt, nennt man *Wachstums- oder Zerfallsfunktion*. Ein realer Wachstumsvorgang lässt sich also durch die eindeutige Zuordnung $t \mapsto B(t)$ beschreiben.

Dies ist aber im allgemeinen für nicht-periodische Prozesse nur für die Vergangenheit und Gegenwart sowie ausschließlich für diskrete Zeiten möglich (man denke an Messzeiten und Messdauer). Das Hauptziel der Untersuchungen eines Wachstumsprozesses ist es jedoch, Aussagen über die zukünftige Entwicklung machen zu können. Da das Datenmaterial nur in der Gegenwart gesammelt werden kann, d.h. nur Datenpaare der Form $[t_0, B(t_0)]$ vorliegen, wobei t_0 einen Zeitpunkt zwischen „jetzt und früher" bezeichnet, bedarf es einer Modellierung des System; es bedarf der Angabe einer *Änderungsrate R*, die angibt, wie groß die *Änderungsgröße* ΔB (d.h. der Zuwachs oder die Abnahme) der Bestandsgröße pro *Zeitintervall* Δt ist. Es besteht folgender Zusammenhang:[1]

$$\Delta B = R(t)\, \Delta t$$
$$B(t + \Delta t) = B(t) + R(t)\, \Delta t$$

Es zeigt sich, dass die meisten Wachstums- und Zerfallsprozesse auf vier Grundmodelle zurückgeführt werden können. Es handelt sich dabei um das *lineare*, das *exponentielle* (oder *natürliche*), das *(exponentiell) beschränkte* und das *logistische Wachstum*. Obige Gleichungen gelten für alle vier Wachstumsformen. Die Unterschiede müssen daher auf das unterschiedliche Verhalten ihrer Änderungsrate zurückzuführen sein.

---

[1] In diesem Abschnitt wird auf eine kontinuierliche Beschreibung der Systeme, die auf eine Behandlung von Differentialgleichungen führt, verzichtet. Vielmehr wird die Modellierung hier durch die Angabe fester Zeitschritte Δt vorgenommen.

Lineares Wachstum:

Ein quaderförmiger Behälter mit 1 Quadratmeter Grundfläche und 5m Höhe wird mit Wasser befüllt. Neben dem Tank befindet sich folgende Notiz:

$$\begin{bmatrix} Uhrzeit & 14\ 15\ 16 \\ abgelesene\_Fuellhoehe & 2.4\ 3.6\ 4.8 \end{bmatrix}$$

Die Identifikation der Bestandgröße mit der Füllhöhe bereitet keine Schwierigkeiten. Als erstes kann man die realen Daten in ein Schaubild eintragen:[2]

```
> Daten:=[[14,2.4],[15,3.6],[16,4.8]]:
> Punkte:=plot(Daten,11..17,0..5,style=POINT,symbol=CROSS):
  display(Punkte);
```

Die Frage nach dem Beginn der Befüllung kann die Suche nach einem Modell motivieren, das den realen Ablauf näherungsweise beschreibt. Folgende Modellannahmen sind dann Voraussetzung: der Wasserzufluss ist konstant, der Behälter war zu Beginn leer, der Behälter ist wirklich ein Quader, die angegebenen Maße stimmen, es findet keine Verdunstung oder Versickern statt, die Zeitmessung war genau, das Ablesen der Füllhöhe war genau, die Temperatur des Wasser bleibt konstant, usw. Unter diesen Voraussetzungen und mit Blick auf das Schaubild erscheint eine affine (lineare) Funktion als Modellfunktion eine sinnvolle Wahl. Die konstante Änderungsrate ergibt sich aus den Daten zu 1,2 m pro Stunde. Für die Wachstumsfunktion B gilt dann:

```
> B:= t -> 1.2*t - 14.4;
```

$$B := t \to 1.2\,t - 14.4$$

Der Zeitpunkt der Befüllung und das Ende ergeben sich demnach aus $B(t_0) = 0$ und $B(t_e) = 5$ zu $t_0 = 12$ und $t_e = 50/3$. Die Zeitpunkte t_0 und t_e geben gleichzeitig die Grenzen des Intervalls an, in dem die Funktion B definiert ist. Die Prozedur *linwachs* stellt die Wachstumsfunktion graphisch dar:

```
> linwachs(0,1.2,1,12..50/3,nein,view=[11.5..17,0..5.5]);
```

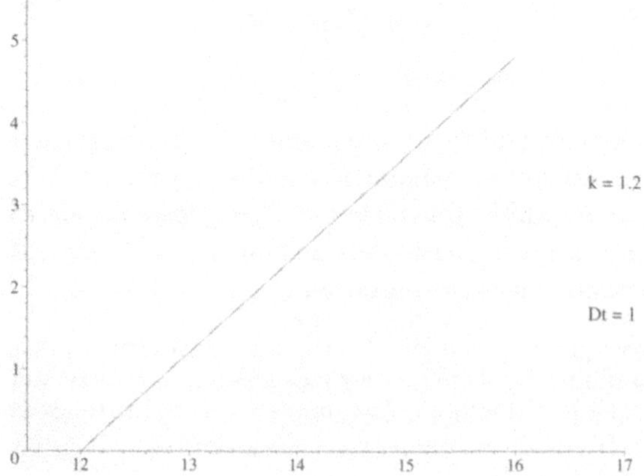

---

[2] Auf die graphische Ausgabe wurde im Buch aus Platzgründen verzichtet!

Logistisches Wachstum: Einen Wachstumsprozess, bei dem die Änderungsgröße sowohl proportional zu dem Quotienten aus vorhandenem Bestand $B(t)$ und Grenze G, als auch proportional zum Sättigungsmanko $G - B(t)$ ist, nennt man *logistisch*, das Wachstum *logistisches Wachstum*.

$$R(t) = \frac{k\,B(t)\,(G-B(t))}{G}$$

Beispiel 1:

In einer Stadt gibt es 40 000 Haushalte, von denen schätzungsweise jeder fünfte für den Kauf einer ISDN-Anlage in Frage kommt. Es ist damit zu rechnen, dass der Absatz des Produktes mit der Zeit schwieriger wird, da die Zahl der möglichen Käufer abnimmt. Zu Beginn der Verkaufsphase werden 8 ISDN-Anlagen verkauft, nach einem Monat sind es 12 . Kann der Hersteller davon ausgehen, dass innerhalb des ersten Jahres wenigstens 2000 Stück verkauft werden?

Die obige Aufgabe führt auf die folgende Differentialgleichung, die von der Prozedur **logistwachs** graphisch dargestellt wird. Das Schaubild zeigt, dass die Annahme des Händlers zu optimistisch war.

```
> B0:=8: G:=8000: B1:=12:
  Dt:=1:                    # ein Zeitschritt entspricht 1 Monat
  k:=fsolve(B1=B0+k*B0*(G-B0)*Dt/G,k);
```

$$k := .5005005005$$

```
> logistwachs(B0,k,1,G,0..30,nein);
```

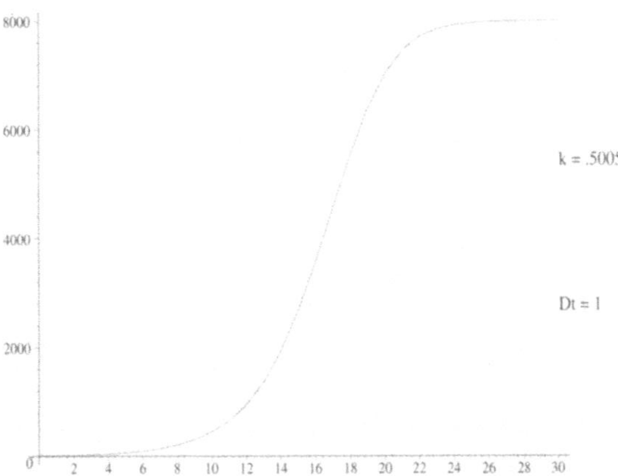

Weitere Themen auf der CD: Exponentielles Wachstum; Exponentiell beschränktes Wachstum; weitere Beispiele; durch die Prozedur **DT_ani** kann in einer Animation die Größe der Zeitschritte für die jeweiligen Wachstumsformen variiert werden; die Prozedur **k_ani** bietet die Möglichkeit den Wachstumsfaktor zu verändern, so dass dessen Bedeutung für die einzelnen Wachstumsformen in einer Animation demonstriert werden kann.

13. Differentialgleichungen

13.1 Numerische Integrationsverfahren gewöhnlicher Differentialgleichungen

Autor: Georg Wilke

Da oft die explizite Lösung einer Differentialgleichung nicht möglich ist, bleibt man darauf angewiesen, numerische Näherungen zu berechnen. Im folgenden werden daher vier klassische Verfahren vorgestellt, die alle auf *explizite Differentialgleichungen erster Ordnung* $\frac{\partial}{\partial x} y(x) = f(x, y)$ anwendbar sind.

Alle vier Verfahren schätzen – mehr oder weniger – die Ableitung durch den Differenzenquotienten ab. Es gilt dann näherungsweise:

$$\frac{\partial}{\partial x} y(x_i) = \frac{y(x_i+s)-y(x_i)}{s} + \mathcal{O}(s)$$

Dabei ist der Fehler der Abschätzung in erster Näherung eine infinitesimale Größe der Ordnung s, d.h. proportional zur Schrittweite s. Beim Verfahren nach *Heun* und beim *modifizierten Euler-Verfahren* liegt der Fehler bei zweiter Ordnung $\mathcal{O}(s^2)$, beim Runge-Kutta-Verfahren schließlich bei vierter Ordnung.

Zu Beginn des Worksheets werden zunächst die vier Verfahren erläutert und schließlich im letzten Teil miteinander verglichen.

Euler-Verfahren: Beim Euler-Verfahren handelt es sich um eine Abschätzung erster Ordnung.

$$\frac{\partial}{\partial x} y(x) = f(x, y)$$
$$\frac{y(x_0 + s) - y(x_0)}{s} = f(x_0, y(x_0)) + \mathcal{O}(s)$$

wird zu $\qquad y(x_0 + s) = y(x_0) + f(x_0, y(x_0)) \cdot s$

Ausgehend von der Anfangsbedingung x_0, $y(x_0)$ wird der nächste Funktionswert $y(x_0 + s)$ mit Hilfe der Steigung an der Stelle x_0 berechnet.

Die Prozedur **Euler_graf** stellt das Euler-Verfahren schrittweise geometrisch dar. Dazu zeichnet sie ein Geradenstück mit der Steigung an der Stelle x_0. Der nächste Funktionswert ergibt sich aus dem Schnittpunkt dieser Geraden und der Senkrechten $x = x_0 + s$.

```
>    DGL2:=D(n)(t)=2*(n(t)/1200)*(1200-n(t)):
>    Euler_graf(DGL2, n(1)=10, n(t), 15, 0..15);
```

Die Lösungsfunktion von Maple lautet $t \to 1200 \dfrac{1}{1 + 119 \dfrac{e^{(-2\,t)}}{e^{(-2)}}}$

Animation !

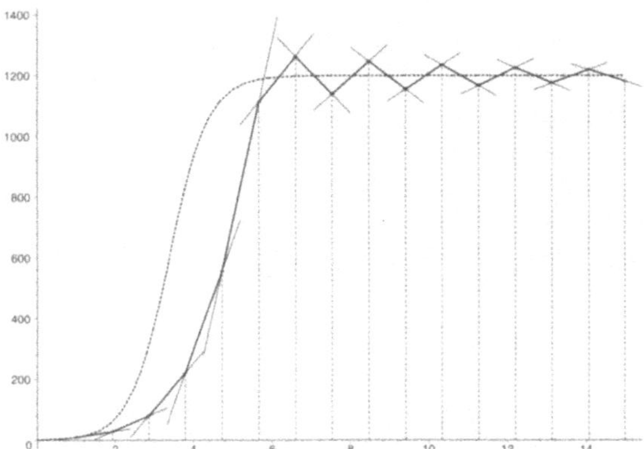

Die durchgezogene Kurve ist hier die von Maple berechnete explizite Lösung (wenn eine solche existiert; sonst eine numerische Näherung höheren Grades!).

Auf der CD zeigen einige Beispiele weitere Anwendungsmöglichkeiten auf. Die Prozedur **Euler_verf** entspricht dabei **Euler_graf**, verzichtet aber auf die geometrische Konstruktion. Die Prozedur **Euler_ani** demonstriert in einer Animation die Bedeutung der Schrittweite s. Dabei verringert sich s, wenn die Schrittanzahl n den angegebenen Wertebereich durchläuft.

Vergleich der numerischen Verfahren: Die Prozedur **Vergleich** vergleicht die vier vorgestellten Verfahren, indem sie die genäherten Lösungskurven zusammen mit der „expliziten" Lösung in einem Schaubild in verschiedenen Farben darstellt.

```
>   Vergleich(DGL2,n(0)=1,n(t),15,0..15);
```

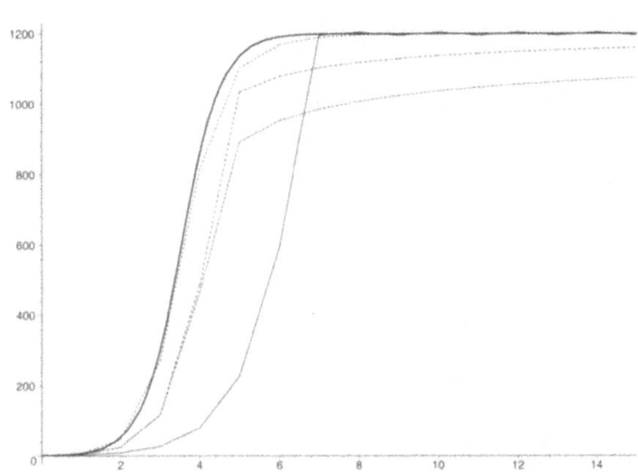

Grenzen numerischer Verfahren: Nicht immer sind die numerischen Methoden ausreichend exakt. Selbst bei vielen Schritten ist die Näherung oft nur für x-Werte nahe der Anfangsbedingung zu gebrauchen. Die Abweichung hin zu größeren x-Werten ist signifikant. Dies liegt daran, dass der globale Fehler bei jedem Schritt mit einem Faktor multipliziert wird, der zum einen von der Schrittweite s und zum anderen aber über $\frac{\partial}{\partial y}$ f(x, y) von x abhängt. Dies gilt für alle Verfahren, die mit einer konstanten Schrittweite arbeiten.

Selbst bei 1000 Schritten ist im folgenden Fall die Näherung mit Hilfe des *Euler-Verfahrens* nur für sehr kleine x-Werte zu gebrauchen. Hier zeigt sich die Leistungsfähigkeit des *Runga-Kutta-Verfahrens*. Dort reichen schon 50 Schritte aus.

```
>   DGL7:=D(y)(x)=y(x)-3*exp(-2*x):
    Runge_Kutta(DGL7,y(0)=1,y(x),100,0..6,-0.5..1);
```

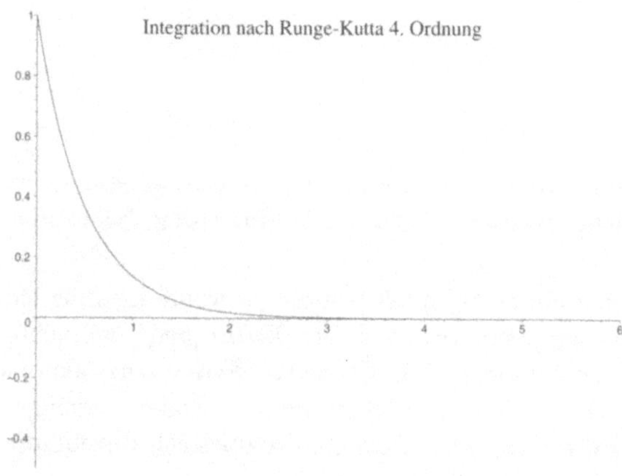

Bei allen numerischen Integrations-Verfahren ist Vorsicht geboten, was die Glaubwürdigkeit der genäherten Lösung betrifft. Eine zunächst stabile Lösung kann plötzlich instabil werden. Sehr deutlich wird dies im folgenden Beispiel.

```
>   Euler_verf(D(y)(x)=-Pi*x*y(x),y(0)=1,y(x),120,0..16,-2..2);
```

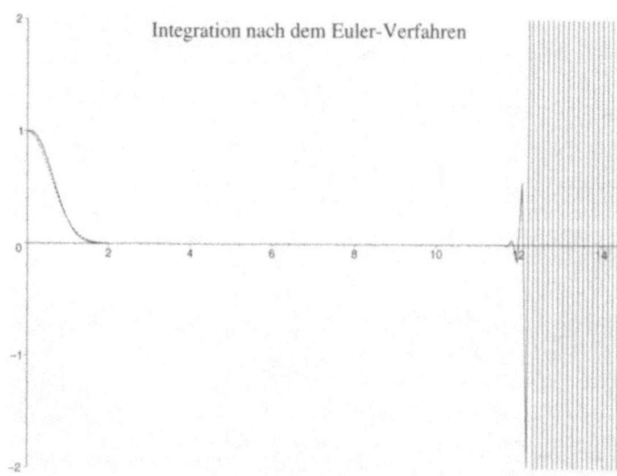

Weitere Themen auf der CD: Animation zur Bedeutung der Schrittweite s; Modifiziertes Euler-Verfahren; Verfahren nach Heun; Runge-Kutta-4.Ordnung; Stabilität von Differentialgleichungen.

13.2 Richtungsfeld einer gewöhnlichen Differentialgleichung 1. Ordnung

Autor: Georg Wilke

Bei expliziten, gewöhnlichen Differentialgleichungen erster Ordnung $\frac{\partial}{\partial x}\, y(x) = f(x,\, y(x))$ kann man die rechte Seite der Gleichung geometrisch als Tangentensteigung im Punkt $[x,\, y(x)]$ auffassen. Man kann dann dem Wertepaar $x,\, y(x)$ den Wert $f(x,\, y(x))$ zuordnen und diese Zuordnung in einem Schaubild darstellen. Man visualisiert dazu die Steigung durch kurze Linienelemente im zugehörigen Punkt. Die Kurve einer Lösungsfunktion muss nun auf dieses *Richtungsfeld* „passen".

Lösung einer Differentialgleichung bei verschiedenen Anfangsbedingungen:

Beispiel: Tropfinfusion
Einem Patienten soll über eine Tropfinfusion ein bis dahin im Körper nicht vorhandenes Medikament verabreicht werden. Dabei gelangt pro Minute eine gleichbleibende Menge von x mg ins Blut. Über die Niere wird ein Teil des Medikaments wieder ausgeschieden. Die Ausscheidungsrate A beträgt 5% der jeweils im Blut gerade vorhandenen Menge u(t). Also ist A = −5/100 ∗ u(t). Die in der Zeit Dt zugeführte Menge beträgt x ∗ Dt. Die langfristig im Blut enthaltene Menge soll 100mg nicht übersteigen. Wie groß muss x gewählt werden?

Die obige Aufgabe führt auf die folgende Differentialgleichung:

```
> DGL:=D(y)(t)=5-1/20*y(t);
```

$$DGL := \mathrm{D}(y)(t) = 5 - \frac{1}{20}\, y(t)$$

Mit ***dsolve*** lässt sich diese Differentialgleichung allgemein lösen.[1]

```
> lsg:= dsolve(DGL,y(t)):
  y:= unapply(rhs(lsg),t);
```

$$y := t \to 100 + e^{(-1/20\,t)}\, \_C1$$

Mit der Prozedur ***afb_seq*** können die Kurven für verschiedene Anfangsbedingungen in ein Schaubild gezeichnet werden.

---

[1] Man muss an dieser Stelle Maple mitteilen, dass die Lösung eine Funktion von t ist. Dies erreicht man durch ***unapply***.

```
>  liste:=[[0,0], [20,0],[40,0], [60,0], [0,100], [0,120],
   [20,120],[40,120],[60,120]]:
>  afb_seq(DGL,y(t),liste,0..120,view=[0..120,0..140]);
```

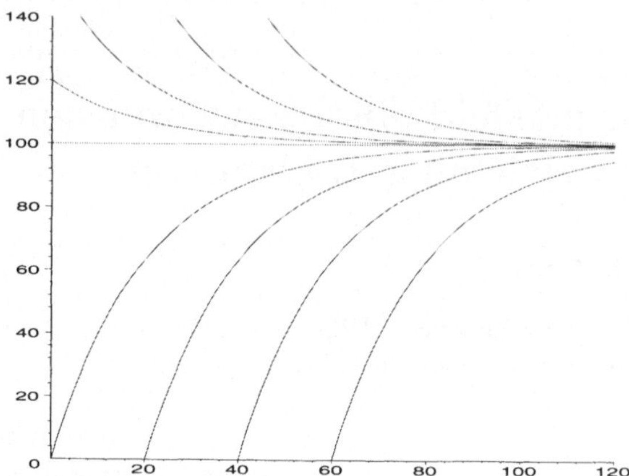

Die oberen Kurven verwundern zunächst etwas. Obwohl der Patient zu Beginn der Infusion schon eine „Überdosis" im Blut hatte, kann man die Zufuhr trotzdem bei 5 mg pro Minute belassen. Langfristig wird wieder der Sättigungswert erreicht.

Richtungsfelder: Bei dem vorhergehenden Beispiel ist deutlich geworden, dass man sich einen Überblick über mögliche Lösungen einer gewöhnlichen Differentialgleichung verschaffen kann, wenn man die Kurven zu verschiedenen Anfangsbedingungen in ein Schaubild zeichnet.

Die Prozedur *richtfeld* ordnet jedem Wertepaar die Steigung an dieser Stelle zu und stellt das Richtungsfeld graphisch dar.[2]

```
>  liste:=[seq(seq([j*10,i*10],j=1..9),i=1..12)]:
   richtfeld(DGL,y(x),liste,0..100,0..130);
```

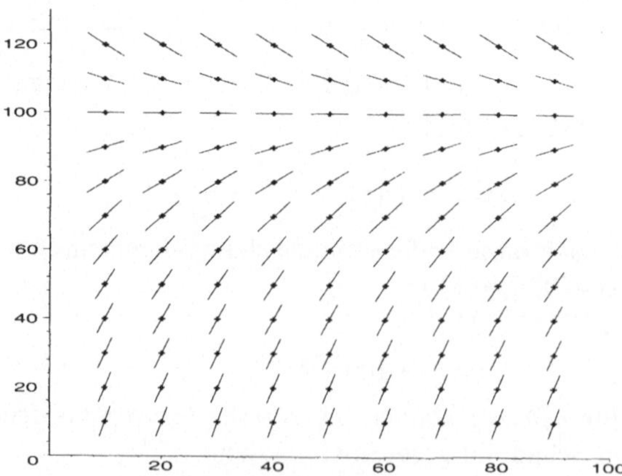

---

[2] Mit *dfieldplot* aus dem Paket *DEtools* stellt Maple ebenfalls einen Befehl zur Verfügung, um ein solches Richtungsfeld zu erzeugen.

Richtungsfelder mit Lösungskurven: Dass die Lösungskurven auf das Richtungsfeld wirklich „passen", soll im folgenden demonstriert werden.

```
>  DGL2:=D(n)(t)=2*(n(t)/1200)*(1200-n(t));
```

$$DGL2 := \mathrm{D}(n)(t) = \frac{1}{600}\,\mathrm{n}(t)\,(1200 - \mathrm{n}(t))$$

Zunächst werden das Richtungsfeld und die Lösungskurven für zwei bestimmte Anfangsbedingungen berechnet.[3]

```
>  liste:=[seq(seq([j*0.5,i*200],j=-4..8),i=-3..10)]:
>  feld:=richtfeld(DGL2,n(t),liste,-2..4,-600..2000):
>  lsg_kurven:=afb_seq(DGL2,n(t),[[0,50],[0,-10]],-2..4,
   color=[green,red],thickness=3,discont=true):
```

Jetzt können beide Bilder in einem Koordinatensystem dargestellt werden:

```
>  display([feld,lsg_kurven],view=[-2.5..4.5,-600..2000]);
```

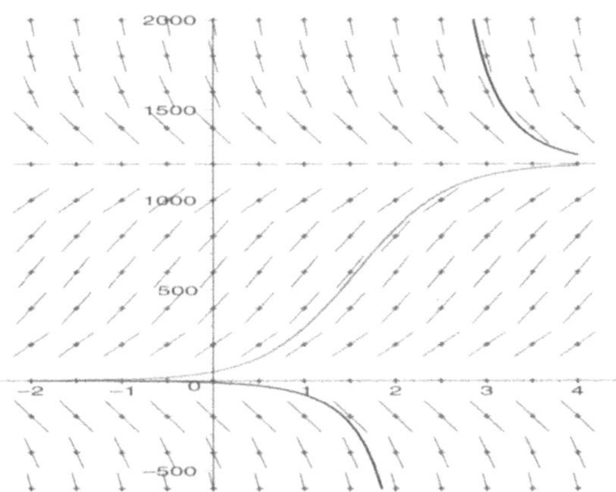

Maple stellt hierzu die Befehle *phaseportrait* und *DEplot* zu Verfügung. Allerdings fehlt hier jeweils der obere Ast der einen Kurve. Ganz offensichtlich ein Fehler!

Weitere Themen auf der CD: Stabilität von Differentialgleichungen; weitere Beispiele.

---

[3] Man beachte, dass Maple ohne die Option *discont=true* standardmäßig senkrechte Asymptoten an den Polstellen einzeichnet.

14. Sinusfunktionen in der Physik

14.1 Eindimensionale Überlagerung von Sinusschwingungen

Autor: Lothar Diemer

Insbesondere mit der Sinusfunktion werden viele physikalische Phänomene auf mathematischer Ebene beschrieben. Ein solches Beispiel sind die Schwingungen. Deren Überlagerung ist Gegenstand vieler Betrachtungen unter unterschiedlichen Voraussetzungen. Dabei geht man meist von der Darstellung der Form $y_1 = y_{1m} \sin(\omega\, t)$ und $y_2 = y_{2m} \sin(\omega\, t)$ bzw. $y_2 = y_{2m} \sin(\omega\, t + \delta)$ aus. Es interessieren z.B. folgende Fälle:

- Gleichphasige Überlagerung bei gleicher Frequenz, d.h. $\delta = 0$.
- Gegenphasige Überlagerung bei gleicher Frequenz, d.h. $\delta = \pi$.
- Beliebige Phasenverschiebung bei gleicher Frequenz.
- Überlagerung bei gleicher Amplitude und geringem Frequenzunterschied (Schwebung).
- Senkrechte Überlagerung (Lissajous-Figuren - gesondertes Worksheet).

Allgemeiner Fall: Die Überlagerung bei einem beliebigen Wert der Phasenverschiebung Teilschwingungen, *aber bei gleichen Amplituden* kann man am einfachsten berechnen, wenn man die Phasenverschiebung δ symmetrisch auf die Teilschwingungen verteilt. Es ergibt sich dann insgesamt: $y = 2\,y_m \cos(\frac{\delta}{2}) \sin(\omega\, t)$. Die Einzelheiten zur Herleitung entnehmen Sie z.B. der auf der CD angegebenen Literatur.

Die Prozeduren **addition1** und **addition2** stellen die verschiedenen Fälle dar.

```
>   omega:=1:
>   delta:=Pi/4:
>   Amplitude:=1:
>   a:=0: b:=6.5:
>   f:=t->Amplitude*sin(omega*t+delta/2):
>   g:=t->Amplitude*sin(omega*t-delta/2):
>   addition2(f,g,a,b,Amplitude);
```

Animation !

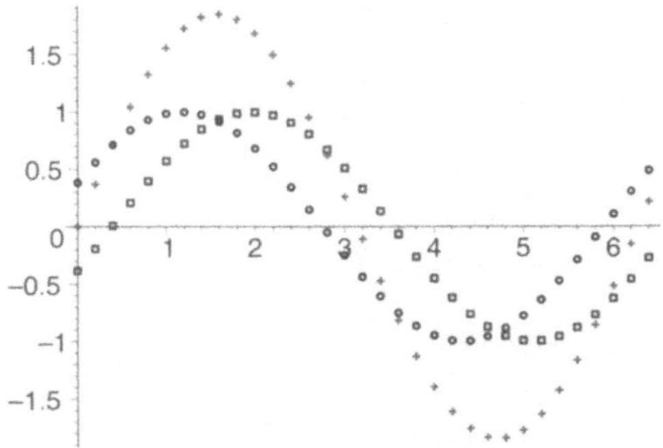

Weitere Themen auf CD: Maximale Verstärkung, Auslöschung, Schwebung

14.2 Senkrechte Überlagerung von Schwingungen (Lissajous)

Autor: Lothar Diemer

Die Teilschwingungen verlaufen längs der x-Achse bzw. längs der y-Achse. Es gilt $x = x_m \sin(\omega\, t + \delta)$ und $y = y_m \sin(\omega\, t)$.

Phasenverschiebung $\frac{\pi}{2}$: Unterstellen wir zunächst gleiche Amplituden, so erhalten wir $x = r\cos(\omega\, t)$ und $y = r\sin(\omega\, t)$. Dies ist die Parameterdarstellung für einen Kreis mit dem Radius r. Diesen Sachverhalt verdeutlicht die folgende Animation.

```
> with(plots,animate):
> omega:=100:
> x:=t->r*cos(omega*t):
> y:=t->r*sin(omega*t):
> animate([x(t),y(t),t=-Pi..Pi], r=1..8,
    view=[-8..8,-8..8], numpoints=100, scaling=constrained,
    thickness=2, frames =50);
```

Animation !

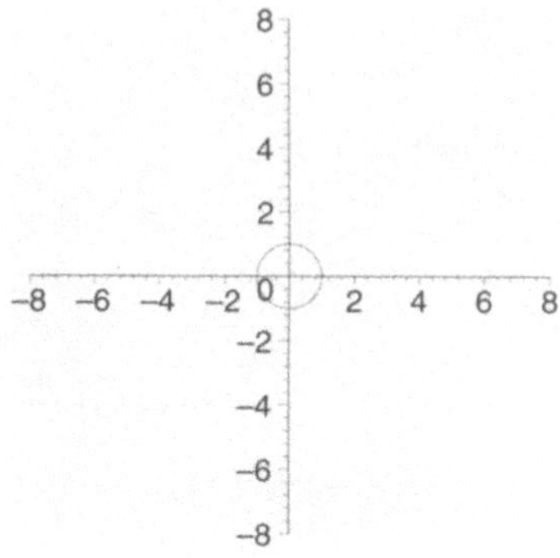

Gleiche Amplituden und Frequenzverhältnis 1:3 : Gegeben sind nun die Funktionen $x = r_1 \sin(\omega\, t + \delta)$ und $y = r_2 \sin(\omega\, t)$. Das Ergebnis ist eine Variation vom Fall ohne Phasenverschiebung (ein „S") über „Doppelschlaufen" hin zum Fall der Phasenverschiebung von $\frac{\pi}{2}$ („eingepacktes Bonbon") und wieder zurück.

```
>   omega:=314: r1:=6: r2:=6: u:=3:
>   x:=t->r1*sin(u*omega*t+delta):
>   y:=t->r2*sin(omega*t):
>   animate([x(t),y(t),t=0..2.01],delta=0..Pi,frames=50,
    numpoints=100,view=[-6..6,-6..6],scaling=constrained);
```

Animation !

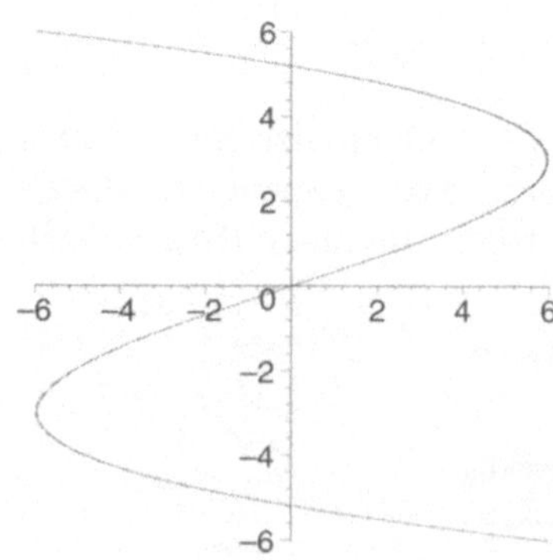

Weitere Themen auf der CD: Überlagerung ohne Phasenverschiebung, gleiche Amplituden und Frequenzverhältnis 1:1, gleiche Amplituden und Frequenzverhältnis 1:2, verschiedene Amplituden und beliebiges Frequenzverhältnis.

15. Stochastik

15.1 Binomialverteilung, Testen von Hypothesen

Autoren: Gerhard Bitsch, Lothar Diemer, Georg Wilke

Die Pakete *stats*, *statevalf* und *statplots* sind etwas spröde bezüglich der
Benutzung für den Unterricht, da sie auf ein anderes Zielpublikum ausgerichtet sind. Es empfiehlt sich daher, diese Pakete durch einige eigene Funktionen
zu kapseln. Außerdem scheint *statevalf* bezüglich der summierten diskreten
Verteilungen fehlerhaft zu sein, was ebenfalls eigene Lösungen erfordert.

Berechnen und erzeugen von B(n,p): Will man die Binomialverteilung
B(n,p) berechnen, so kann man zunächst die Wahrscheinlichkeit P(X=k) wie
folgt berechnen: (hier ist n=10, p=0,5 und k=3):

```
> with(stats,statevalf):
  statevalf[pf,binomiald[10,0.5]](3);
                    .1171875000
```

Dieser komplizierte Aufruf (der zudem bei wiederholtem Aufruf durch ständige 'warnings' begleitet wird) ist in der Prozedur *B_npk* gekapselt. Ein Aufruf
mit den gleichen Werten für n, p und k sieht dann so aus:

```
> B_npk(10,0.5,3);
                    .1171875000
```

Wert aus einem Intervall für k: Häufig interessiert man sich nicht für
die Wahrscheinlichkeit eines einzelnen Wertes der Zufallsvariablen, sondern
für die Wahrscheinlichkeit, dass die Zufallsvariable einen Wert aus einem
bestimmten Intervall für k annimmt. Dies leistet die folgende Prozedur.

```
> B_npk_sum_intervall(100,0.3,20,30);
                    .5402363925
```

Umkehrung der Summenverteilung: Für viele Aufgaben benötigt man
die Umkehrung der summierten Verteilung. Man kann daher mit Hilfe der
Prozeduren *linv_np_sum* und *rinv_np_sum* den Bereich bestimmen, bis zu
dem die Wahrscheinlichkeit die angegebene Grenze nicht überschreitet

```
> linv_np_sum(10,0.4,0.2);
Bei 10 Versuchen liegt die Wahrscheinlichkeit fuer 0 bis 2 Treffer
unter 20 Prozent!
```

```
> rinv_np_sum(10,0.4,0.2);
```

Bei 10 Versuchen liegt die Wahrscheinlichkeit fuer 6 bis 10 Treffer
unter 20 Prozent!

Histogramme, Stabdiagramme, Polygonzüge: Das Histogramm einer bestimmten Binomialverteilung erhält man am einfachsten mit der Prozedur *histo*, während man mit den Prozeduren *stab* bzw. *zug* eine grafische Darstellung der Binomialverteilung in einem Stabdiagramm bzw. als Polygonzug erzeugt.

Mit dem *display*-Befehl lassen sich auch verschiedene Darstellungen in einem Bild kombinieren:

```
> display([histo(100,0.4,color=cyan),
    histo(100,0.6,color=blue)],view=[0..100,0..0.1]);
```

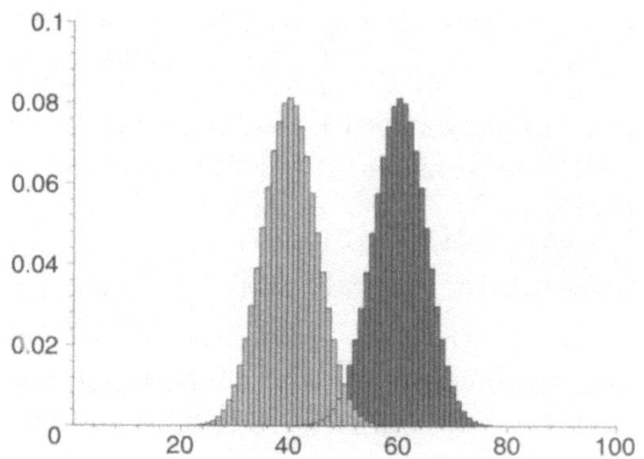

```
> display(histo(10,0.5,color=cyan),stab(10,0.5,color=blue),
zug(10,0.5,color=navy,thickness=2));
```

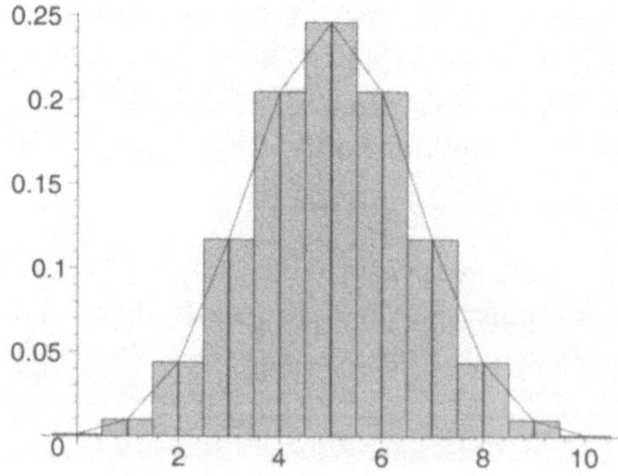

Erwartungswert, Varianz und Standardabweichung: Die Bedeutung von Erwartungswert und Standardabweichung lassen sich mit Hilfe der Prozedur *histo_mu_sigma* auch grafisch darstellen.

```
> histo_mu_sigma(20,0.5,color=cyan,view=[0..20,0..0.22]);
```

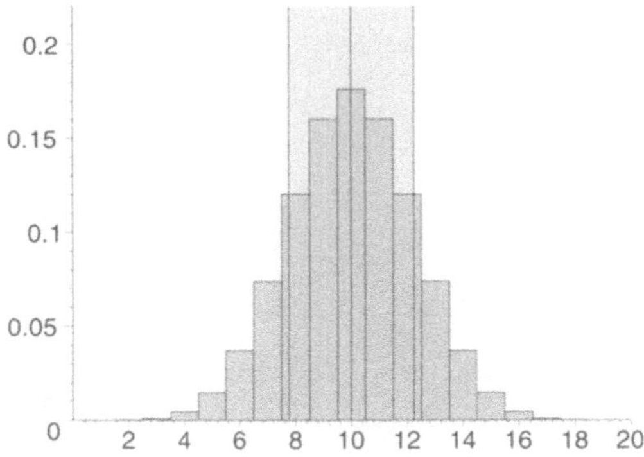

Der Streifen hat im obigen Schaubild die Breite $2\,\sigma$. Will man nun wissen, mit welcher Wahrscheinlichkeit eine B(n;p)-verteilte Zufallsvariable einen Wert im Intervall $[\mu - 2\,\sigma,\ \mu + 2\,\sigma]$ annimmt, kann man dies mit der Funktion **B_zweisigw** berechnen lassen .

```
> B_zweisigw(1000,0.8); B_zweisigw(1500,0.5);
                    .9639318056
                    .9586625893
```

Testen von Hypothesen: Nun kann man leicht *Ablehnungsbereiche für Tests* mit der Binomialverteilung bestimmen. Dabei wird die maximale Wahrscheinlichkeit α, mit der eine zutreffende Nullhypothese über den Wert der Trefferwahrscheinlichkeit p verworfen wird (Fehler 1. Art), vorgegeben. Die Prozeduren *links_Test*, *rechts_Test* und *beid_Test* erlauben die entsprechenden Tests. Als Fehler zweiter Art beim Testen einer Hypothese der Form H_0: $p = p_0$ bezeichnet man den Fehler, die Nullhypothese nicht abzulehnen, obwohl p einen von p_0 verschiedenen Wert hat. Die Prozedur *guete* bestimmt die Fehlerwahrscheinlichkeit β für ein p direkt mit der oben angegebenen Funktion *B_npk_sum_intervall*.

Man kann sich diese Gütefunktion für einen festen Test auch zeichnen lassen. Wir testen die Nullhypothese p=0,4 bei 100 Versuchen und lehnen sie ab für Werte kleiner 30 und größer 50:

```
> plot([guete(100,p,30,50),0.9,0.1],p=0..1,0..1,
    scaling=constrained,color=[red,sienna,blue]);
```

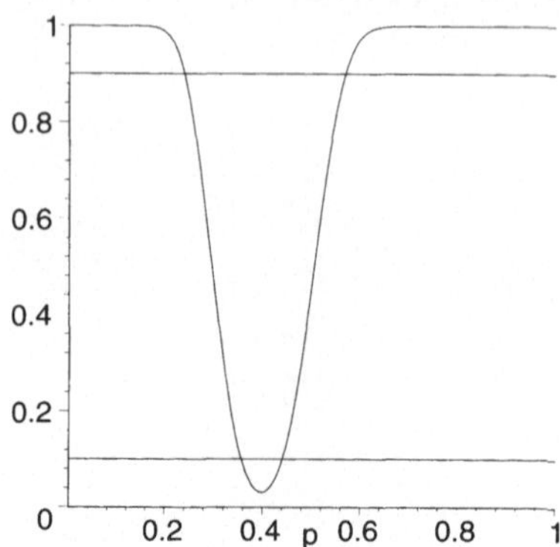

Weitere Themen auf der CD: Summenverteilung, Animation zu Bedeutung von p bzw. n.

15.2 Normalverteilung

Autor: Georg Wilke

In diesem Worksheet wird ausgehend von der Binomialverteilung für große Zahlen der Übergang zur Normalverteilung erläutert. Die Eigenschaften der Normalverteilung sowie die Darstellung als Glockenkurve werden thematisiert.

Binomialverteilung für große n: Vergleicht man bei fester Trefferwahrscheinlichkeit p Binomialverteilungen mit unterschiedlicher Probenzahl n, so sieht man sofort, dass mit wachsendem n der Erwartungswert $\mu = n\,p$ und die Standardabweichung $\sigma = \sqrt{n\,p\,(1-p)}$ größer werden. Betrachtet man die zugehörigen Histogramme der Verteilungen, so äußert sich dies folgendermaßen: Mit n wächst die Anzahl der Rechtecke, die Höhen werden jedoch immer niedriger. Das Maximum „wandert" nach rechts und die Breite nimmt zu. Mit Hilfe der Prozedur **bv_ani** aus dem Paket binomi kann man dies sehr gut demonstrieren.

Um die Verteilungen besser vergleichen zu können, kann man nun eine lineare Transformation durchführen. Dazu führt man zwei neue Variablen x und y wie folgt ein: Das Schaubild wird um μ nach links verschoben. Um das Abflachen auszugleichen, werden die B-Werte mit dem Faktor σ gestreckt. Damit die Fläche unter der Kurve aber weiterhin den Inhalt 1 hat, müssen die k-Werte um $\frac{1}{\sigma}$ gestaucht werden. Alles in allem ergibt sich folgende Transformation:
$x = \frac{k-\mu}{\sigma}$ und $y = \sigma\,\mathrm{B}(n,\,p,\,k)$.

Die Prozeduren *histo_norm* und *zug_norm* zeigen das Histogramm bzw.
den Polygonzug einer auf diese Weise normierten Binomialverteilung.

```
>  histo_norm(16,0.5,view=[-4..4,0..0.4],color=cyan);
```

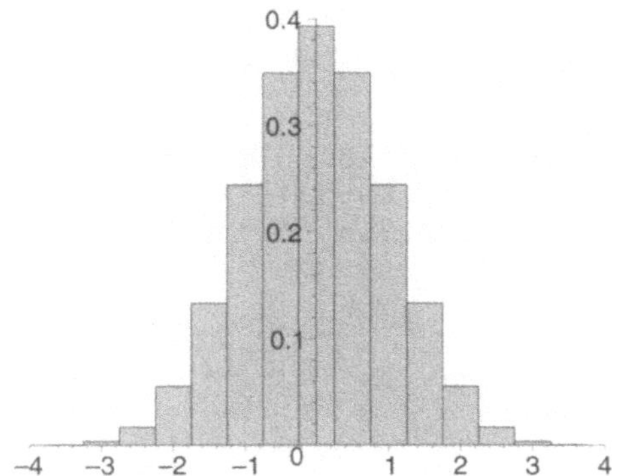

Nun kann man die Bedeutung von wachsenden Zahlen n mit den Prozeduren *histo_norm_ani* bzw. *zug_norm_ani* verdeutlichen. Betrachtet man die
Ausgabe, so nähert sich das Bild für große n nach und nach einer Glockenkurve.

Gauß-Funktion ϕ: Man kann nun zeigen, dass sich für $n \to \infty$ die entstehenden Streckenzüge einer Grenzkurve nähern, die das Schaubild der Funk-
tion $x \to \frac{1}{\sqrt{2\pi}}\, e^{\left(-\frac{x^2}{2}\right)}$ ist. Das Schaubild von ϕ heißt Gaußsche Glockenkurve.

```
>  plot(phi(x),x=-4..4);
```

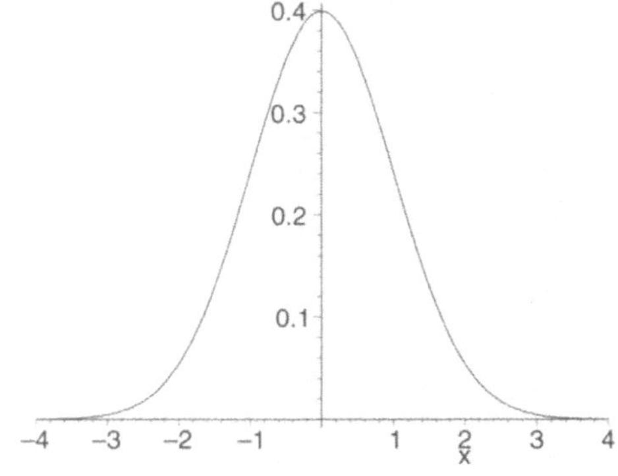

Gaußsche Integralfunktion Φ: Die zur Gaußfunktion gehörende Vertei-
lungsfunktion heißt Gaußsche Integralfunktion Φ.

$$\Phi := x \to \int_{-\infty}^{x} \phi(t)\, dt$$

Die Wahrscheinlichkeit P, dass eine normalverteilte Zufallsvariable X die Werte $X \leq x$ annimmt, läßt sich nun mit Φ angeben: $P(X \leq x) = \Phi(x)$

```
>  Phi(1.5);
```

$$.9331927987$$

Dabei entspricht der obigen Wahrscheinlichkeit im Schaubild der Flächeninhalt zwischen $-\infty$ und 1.5. Dies zeigt die Prozedur *phi_fill*.

```
>  p:=1.5:
>  plots[display](phi_fill(-infinity..p),
   plot(Phi(x),x,color=red,thickness=2),
   plot([[p,0],[p,Phi(p)]],color=black),view=[-5..5,0..1]);
```

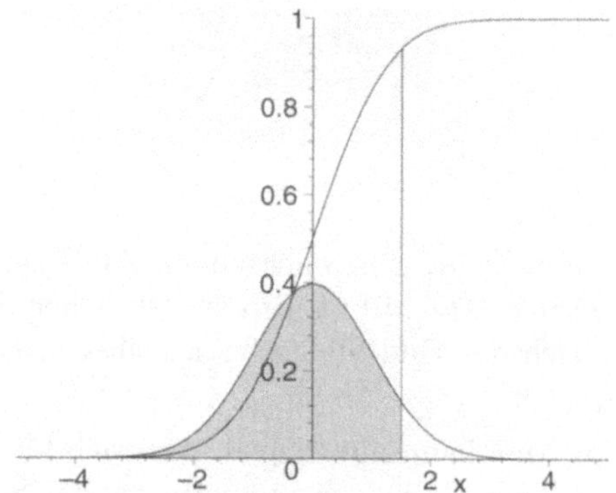

Allgemeine Normalverteilung: Die Prozeduren *N_vert* bzw. *N_int* definieren jeweils Dichte- bzw. Integralfunktion einer $N(\mu;\sigma)$-Verteilung.

```
>  N1:=N_vert(3,0.5): N1_int:=N_int(3,0.5):
>  plot([N1(x),N1_int(x)],x=0..10,0..1);
```

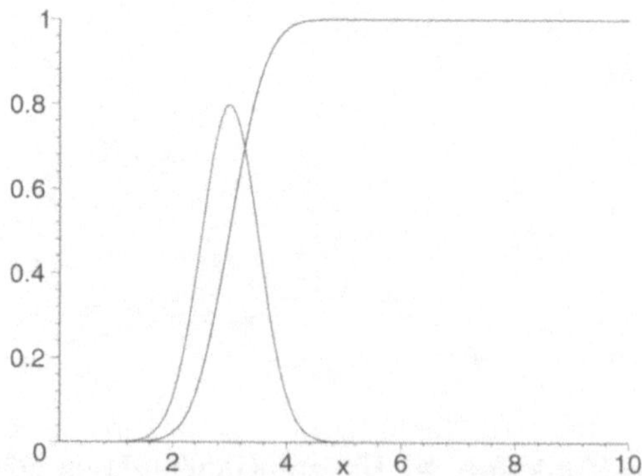

Weitere Themen auf der CD: Erwartungswert, Varianz und Standardabweichung.

16. Fraktale

Autoren: Matthias Hainz, Thomas Westermann

Diese Ausarbeitung gibt einen ersten Einblick in die wunderbare Welt der Fraktale. Es werden Begriffe eingeführt wie z.B. gebrochene Dimension und Selbstähnlichkeit und am Beispiel der Kochschen Kurve und des Sierpinski-Dreiecks erklärt. Die Prozedur *sierpinski* visualisiert die Konstruktion des Sierpinski-Dreiecks über Dreiecke, während der Prozedur *sierpinski2* ein alternativer Konstruktionsalgorithmus zugrunde liegt. Es wird auf Iterationsvorschriften eingegangen, die auf die Mandelbrot- bzw. auf die Julia-Mengen führen. Die Prozeduren *mandelbrot* und *julia* stellen dreidimensionale Graphiken für die Apfelmännchen- bzw. 3D-Gebirge der entsprechenden Mengen auf. Die Prozedur *cantor* bestimmt eine nicht zusammenhängende Julia-Menge.

16.1 Begriffe und Definitionen

Fraktal, fraktale Geometrie: Das Wort Fraktal stammt aus dem lateinischen und bedeutet *gebrochen*; in der Medizin gibt es ein ähnliches Wort: Fraktur. Die von B. B. Mandelbrot 1975 eingeführte Bezeichnung befasst sich mit komplexen geometrischen Gebilden, sog. Fraktalen, wie sie ähnlich in der Natur vorkommen (z. B. Verästelung der Blutgefäße, Küstenlinie, Oberfläche eines Gebirges). Ein Fraktal besitzt zwei wesentliche Eigenschaften: *Selbstähnlichkeit* und *gebrochene Dimension*. *Selbstähnlichkeit* bedeutet, dass jeder Teil eines fraktalen Gebildes dem Ganzen geometrisch ähnlich ist. *Gebrochene Dimension* heißt, dass von der Ganzzahligkeit (z. B. 2 für die Ebene, 3 für den Raum) abgerückt wird.

Sierpinski-Dreieck: Ein Beispiel für ein fraktales Gebilde ist das *Sierpinski-Dreieck:* Dabei werden für ein Dreieck ABC die drei Seitenmitten bestimmt. Über diese drei Seitenmitten wird ein innenliegendes Dreieck definiert, welches aus dem Dreieck ABC herausgeschnitten wird. Gleiches kann man dann mit den verbleibenden drei Dreiecken machen. Der Umfang des Dreiecks wird dadurch größer, seine Fläche jedoch kleiner. Nach mehrmaliger Fortführung dieser Vorgangs stellt man fest, dass die Fläche des Gebildes gegen Null geht, während der Umfang gegen Unendlich strebt.

Die graphische Konstruktion des Sierpinski-Dreiecks visualisiert die Prozedur *sierpinski*. Diese erzeugt eine Animation, die die iterativen Schritte zeigt. Der Aufruf erfolgt durch *sierpinski*([x1, y1], [x2, y2], [x3, y3], iteration); wobei *[x1, y1]*, *[x2, y2]*, *[x3, y3]* die Eck-Koordinaten des Dreiecks sind und *iteration* für die Anzahl der Iterationen steht. Ein Beispiel für den Aufruf der Prozedur bei einer Iterationstiefe von 6 lautet:

```
> sierpinski([0, 0], [2, 4], [4, 0], 6);
```

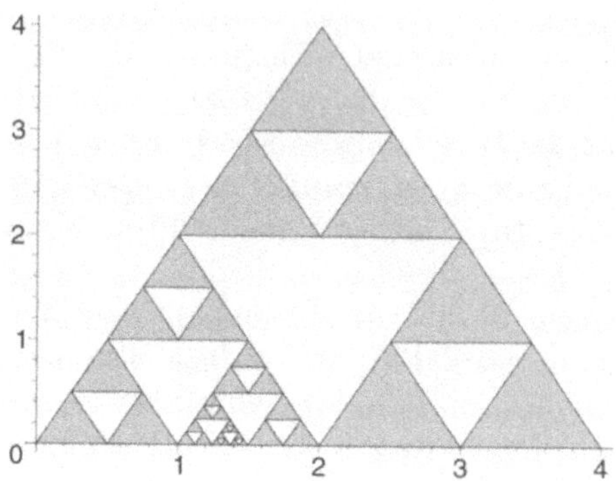

16.2 Iterierte Abbildungen

Bei den Fraktalen kommt man ohne die komplexen Zahlen aus. Das ändert sich, sobald man die faszinierende Struktur der Mandelbrot- und Julia-Mengen verstehen will. Dazu benötigen wir im wesentlichen die Darstellung der komplexen Zahlen $c = a + ib$ bestehend aus einem Realteil a und Imaginärteil b sowie dem Betrag der komplexen Zahl $|c| = \sqrt{a^2 + b^2}$, der den Abstand zum Ursprung angibt. Jede komplexe Zahl kann man sich daher als einen Punkt der komplexen Ebene vorstellen. Die komplexe Ebene besteht aus überabzählbar vielen derartigen Punkten. Ihre Real- und Imaginärteile können positiv oder negativ, ganzzahlig oder nicht ganzzahlig, rational oder irrational sein.

Innerhalb der komplexen Zahlen können wir den Iterationsprozess beschreiben, der die Mandelbrot- und Julia-Mengen erzeugt: $z_{n+1} := z_n{}^2 + c$.

Führt man diese Iteration für bestimmte Werte von c und Startwerte z_0 durch, so passieren seltsame Dinge. Nehmen wir zum Beispiel für die komplexe Zahl $c = .5 + .1\,i$, so erhalten wir mit $z_0 = 0$:

16. Fraktale

Autoren: Matthias Hainz, Thomas Westermann

Diese Ausarbeitung gibt einen ersten Einblick in die wunderbare Welt der Fraktale. Es werden Begriffe eingeführt wie z.B. gebrochene Dimension und Selbstähnlichkeit und am Beispiel der Kochschen Kurve und des Sierpinski-Dreiecks erklärt. Die Prozedur *sierpinski* visualisiert die Konstruktion des Sierpinski-Dreiecks über Dreiecke, während der Prozedur *sierpinski2* ein alternativer Konstruktionsalgorithmus zugrunde liegt. Es wird auf Iterationsvorschriften eingegangen, die auf die Mandelbrot- bzw. auf die Julia-Mengen führen. Die Prozeduren *mandelbrot* und *julia* stellen dreidimensionale Graphiken für die Apfelmännchen- bzw. 3D-Gebirge der entsprechenden Mengen auf. Die Prozedur *cantor* bestimmt eine nicht zusammenhängende Julia-Menge.

16.1 Begriffe und Definitionen

Fraktal, fraktale Geometrie: Das Wort Fraktal stammt aus dem lateinischen und bedeutet *gebrochen*; in der Medizin gibt es ein ähnliches Wort: Fraktur. Die von B. B. Mandelbrot 1975 eingeführte Bezeichnung befasst sich mit komplexen geometrischen Gebilden, sog. Fraktalen, wie sie ähnlich in der Natur vorkommen (z. B. Verästelung der Blutgefäße, Küstenlinie, Oberfläche eines Gebirges). Ein Fraktal besitzt zwei wesentliche Eigenschaften: *Selbstähnlichkeit* und *gebrochene Dimension*. *Selbstähnlichkeit* bedeutet, dass jeder Teil eines fraktalen Gebildes dem Ganzen geometrisch ähnlich ist. *Gebrochene Dimension* heißt, dass von der Ganzzahligkeit (z. B. 2 für die Ebene, 3 für den Raum) abgerückt wird.

Sierpinski-Dreieck: Ein Beispiel für ein fraktales Gebilde ist das *Sierpinski-Dreieck:* Dabei werden für ein Dreieck ABC die drei Seitenmitten bestimmt. Über diese drei Seitenmitten wird ein innenliegendes Dreieck definiert, welches aus dem Dreieck ABC herausgeschnitten wird. Gleiches kann man dann mit den verbleibenden drei Dreiecken machen. Der Umfang des Dreiecks wird dadurch größer, seine Fläche jedoch kleiner. Nach mehrmaliger Fortführung dieser Vorgangs stellt man fest, dass die Fläche des Gebildes gegen Null geht, während der Umfang gegen Unendlich strebt.

Die graphische Konstruktion des Sierpinski-Dreiecks visualisiert die Prozedur *sierpinski*. Diese erzeugt eine Animation, die die iterativen Schritte zeigt. Der Aufruf erfolgt durch *sierpinski*([x1, y1], [x2, y2], [x3, y3], iteration); wobei *[x1, y1], [x2, y2], [x3, y3]* die Eck-Koordinaten des Dreiecks sind und

			Betrag
Anfangsbedingung		$.5 + .1\,I$	.5099
Iterationsschritt	1	$.74 + .20\,I$	.7665
	2	$1.01 + .39\,I$	1.0826
	3	$1.36 + .90\,I$	1.6284
	4	$1.54 + 2.54\,I$	2.9697
	5	$-3.58 + 7.92\,I$	8.6899
	6	$-49.35 - 56.62\,I$	75.1103
	7	$-770.56 + 5588.712\,I$	5641.5915
	8	$-0.31\,10^8 - 0.86\,10^7\,I$	$0.3183\,10^8$

Bei den einzelnen Iterationsschritten können Real- und Imaginärteil wachsen, fallen oder ihre Vorzeichen wechseln. Wenn wir diese Iteration fortsetzen, dann werden die Beträge der komplexen Zahlen für manche c größer, für andere kleiner. Die komplexe Folgen z_n, die für gegebenes c im Verlaufe der beschriebenen Iteration eine gewisse Größe erreichen, wachsen danach sehr schnell weiter und überschreiten bald die größte in einem Computer darstellbare Zahl. Welchen Verlauf die Iteration nimmt hängt im wesentlichen vom Parameter c bzw. von z_0 ab.

Durch die Prozedur **iteration** werden die einzelnen Iterationsschritte von $z_{n+1} = {z_n}^2 + c$ graphisch dargestellt. Der Aufruf erfolgt im Worksheet durch **iteration**(c=xxx, z0=yyy, n=zzz); dabei ist *xxx* der konstante komplexe Parameter c, *yyy* der komplexe Startwert z_0 und *zzz* gibt die Anzahl der Iterationen an. Das folgende Beispiel zeigt den Aufruf der Prozedur für $z_0 = 0$ und $c = .2 + .5\,i$ mit 70 Iterationen

```
>   iteration(c=0.2+0.5*I, z0=0, n=70);
```

Nach der , 70, −ten Iteration betraegt der Betrag von z , .4680488824

Animation !

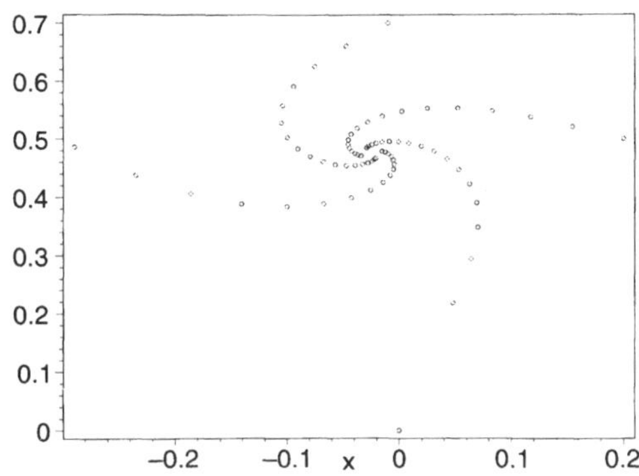

Bei diesem Beispiel bleibt der Betrag immer kleiner 1. Auch nach n Wiederholungen wird der Betrag nicht größer, sondern geht gegen Null. Für die meisten komplexen Parameter c divergiert die Iterationsfolge aber, d.h. die Beträge gehen gegen Unendlich.

Definition der Mandelbrot-Menge: Die Mandelbrot-Menge besteht gerade aus der Menge von c-Werten, bei denen die Iterationswerte nach einer bestimmten Anzahl von Durchgängen (z.B. 100) einen vorgegebenen Betrag (z.B. 2) noch nicht überschritten haben. Dabei startet die Iteration immer bei $z_0 = 0$. Der Realteil ihrer Elemente liegt im Bereich zwischen -2 und 1, der Imaginärteil zwischen -1,5 und 1,5.

Definition der Julia-Menge: Die Julia-Menge besteht bei fest vorgegebenem komplexen Parameter c aus den z_0-Werten, bei denen die Iteration nach einer bestimmten Anzahl von Durchgängen (z.B. 100) einen vorgegebenen Betrag (z.B. 2) noch nicht überschritten haben.

16.3 Die Mandelbrot-Menge

Wenn man die Bilder in der komplexen Zahlenebene betrachtet, die aussehen wie ein Apfel oder wie eine Acht mit Warzen, vermutet man, dass sich dahinter ein riesiger Aufwand an Arbeit und Mathematik verbirgt. Dabei ist die Formel $z_{n+1} := z_n^2 + c$ das ganze Geheimnis, das hinter den Bildern steckt. Die einzige Besonderheit dabei ist, dass die Variablen nicht für reelle, sondern für komplexe Zahlen stehen. Der Startwert der Iteration z_0 ist bei der Mandelbrot-Menge immer Null, die Konvergenz hängt nur vom komplexen Parameter c ab.

Die Prozedur *fraktaltest* bestimmt zu vorgegebenem Betrag die Iterationsnummer, bei der das Folgenglied z_n betragsmäßig größer wird. Der Aufruf erfolgt durch *fraktaltest*(c=c0, z=z0, n=n0, b=b0); wenn *c0* der konstante komplexe Parameter c, *z0* der Startwert der Iteration, *n0* die maximale Anzahl der Iterationen und *b0* der maximale Betrag für die Abbruchbedingung ist. Ein Beispiel für den Aufruf der Prozedur ist:

```
> fraktaltest(c=-0.7+0.3*I, z=0, n=100, b=100);
```

26

D.h. nach 26 Iterationen überschreitet der Folgenwert den Betrag *b=100*. Durch Variation von *c* lässt sich feststellen, dass das Konvergenzverhalten ganz erheblich vom entsprechenden c-Wert abhängt. *Die c-Werte, bei denen die Iterationswerte nach einer bestimmten Anzahl von Durchgängen (z.B. 100) einen vorgegebenen Betrag (z.B. 2) noch nicht überschritten haben, gehören zur Mandelbrot-Menge.*

Entstehung der Computerbilder:

- Komplexe Zahlen stellen Punkte in der komplexen Zahlenebene dar, deren x-Werte die Realteile und deren y-Werte die Imaginärteile sind. Daher kann man jedem Punkt im Bildschirmkoordinatensystem einen Punkt im Koordinatensystem der komplexen Zahlen zuordnen.

- Der Algorithmus zur Mandelbrot-Menge geht nun spalten- und zeilenweise den Bildschirm durch und entscheidet bei jedem Bildschirmpunkt durch die Prozedur *fraktaltest*, ob der Punkt c zur Mandelbrot-Menge gehört oder nicht.

- Alle Punkte werden farbig dargestellt. Die Farbe hängt davon ab, wieviele Durchläufe bis zum Erreichen des vorgegebenen Betrags nötig sind.

Die Prozedur *mandelbrot* visualisiert die Mandelbrot-Menge und stellt sie dreidimensional graphisch dar. Der Aufruf der Prozedur erfolgt hier durch *mandelbrot*(x=xmin..xmax, y=ymin..ymax, n=iter, b=betr, grid=[m,n]). Dabei stellen *xmin, xmax* den minimalen bzw. maximalen Realteil und *ymin, ymax* den Imaginärteil dar, *iter* entspricht der maximalen Anzahl von Iterationen und *betr* ist der Betrag für die Abbruchbedingung. *grid* gibt die Auflösung der Punkte in der komplexen Zahlenebene an.[1]

Ein Beispiel für den Aufruf der Prozedur ist:

```
>   mandelbrot(x=-2..0.7, y=-1.2..1.2, n=30,
    b=2, grid=[150,150]);
```

3D-Darstellung !

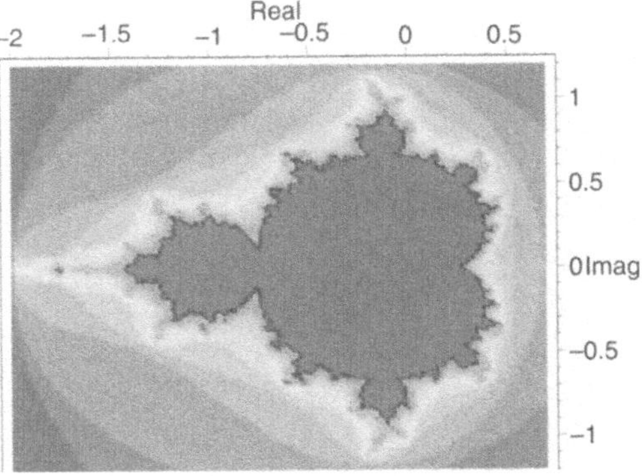

Die unterschiedliche Farbskalierung entspricht der Iterationstiefe. Für rot dargestellte Punkte ist der vorgegebene Betrag schon sehr bald erreicht. Für lila dargestellte Punkte ist nach 30 Iterationen der maximal Betrag von $b=2$ noch nicht erreicht.

---

[1] Achtung: *grid*>40 bedeutet hohe Rechenzeit und großen Speicherbedarf!

16.4 Die Julia-Menge

Sowohl die Berechnung der Mandelbrot- als auch die der Julia-Mengen beruhen auf der Iteration $z_{n+1} = z_n{}^2 + c$. Bei der Mandelbrot-Menge ist der Startwert der Iteration immer $z_0 = 0$ und das Konvergenzverhalten hängt nur vom komplexen Parameter c ab. Bei der Julia-Menge hingegen ist c ein vorgegebener fester Wert. Der Startwert z_0 wird nun variiert; das Konvergenzverhalten hängt von z_0 ab. Es gibt zwei Klassen, zusammenhängende Julia-Mengen und nicht zusammenhängende Punktwolken, die auch als Cantor-Staub bezeichnet werden.

Zusammenhängende Julia-Mengen: Der Aufruf zur Darstellung der Julia-Menge erfolgt durch *julia*(x=xmin..xmax, y=ymin..ymax, c=c0, n=iteration, b=betrag, grid=[m,n]); Dabei stellen *xmin, xmax* den minimalen bzw. maximalen Realteil und *ymin, ymax* den Imaginärteil dar, *c0* ist der komplexe Parameter **c**, *iteration* entspricht der maximalen Anzahl von Iterationen und *betrag* ist der Betrag für die Abbruchbedingung. *grid* gibt die Auflösung der Punkte in der komplexen Zahlenebene an.[2]

Ein Beispiel für den Aufruf der Prozedur ist:

```
> julia(x=-2..2, y=-2..2, c=0.6+0.7*I,
   n=30, b=100, grid=[40,40]);
```

3D-Darstellung !

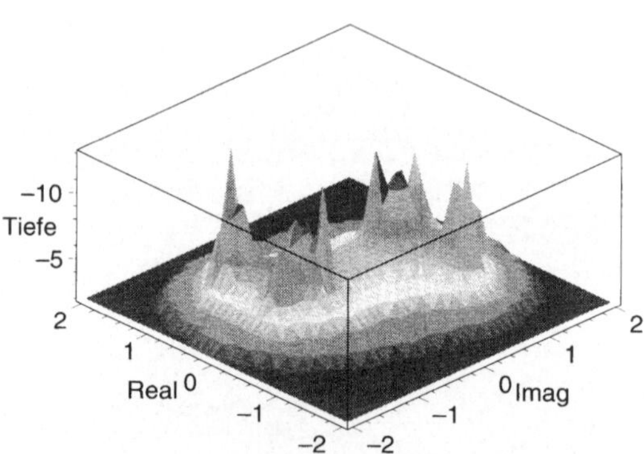

Jeder Punkt der Mandelbrot-Menge ist zugleich die Konstante c für die entsprechende Julia-Menge. Die Farben geben wieder Aufschluss darüber nach wieviel Iterationen der vorgegebene Betrag erreicht wird.

Weitere Themen auf der CD-ROM: Selbstähnlichkeit, Koch-Kurve, Alternative Konstruktion des Sierpinski-Dreiecks, Gebrochene Dimension, Bildergalerie der Mandelbrot-Mengen, Bildergalerie der Julia-Mengen, Der Cantor-Staub.

---

[2] Auch hier bedeutet *grid*>40 hohe Rechenzeit und großen Speicherbedarf!

17. Einführung in die Beschreibung chaotischer Systeme

Autor: Martin Busch

Dieser Abschnitt führt zu einem ersten Kontakt mit chaotischem Verhalten und seinen Eigenarten. Es werden Oszillatoren verschiedener Art simuliert. Ausgehend von dem einfachen harmonischen Oszillator werden Schritt für Schritt die Differentialgleichungen zur Beschreibung der Systeme ausgebaut, bis schließlich chaotisches Verhalten beobachtet werden kann.

17.1 Vom linearen, ungedämpften Masse-Feder-Schwinger zum chaotischen Oszillator

animatDG liefert eine graphische Animationen des Verhaltens von Oszillatoren, die durch zwei Differentialgleichungen $v' = f(s, v, t)$ und $s' = v$ beschrieben werden und die Prozedur *visualDG* liefert die zugehörige, nicht-animierte Graphik.

Feder-Masse-Schwinger ohne Reibung: Die erste Annäherung an das Chaos stützt sich auf den klassischen Masse-Feder-Schwinger. Das Verhalten eines ungedämpften, linearen Feder-Masse-Pendels wird durch die Differentialgleichung $\frac{\partial^2}{\partial t^2} x(t) + \frac{C}{m} x(t) = 0$ beschrieben. Dabei ist $x(t)$ die Auslenkung, C die Federkonstante und m die Masse. Für die Simulation wird die Differentialgleichung zweiter Ordnung in zwei Differentialgleichungen erster Ordnung umgewandelt. Dazu wird folgende Setzung vorgenommen:

$$s(t) = x(t)$$
$$v(t) = s'(t)$$

Damit ergibt sich ein lineares Differentialgleichungssystem 1. Ordnung durch:

$$s'(t) = v(t)$$
$$v'(t) = -\frac{C}{m} s(t)$$

In den folgenden Maple-Zeilen stellt *ds* immer die Ableitung der Auslenkung $s(t)$ und *dv* die Ableitung der Geschwindigkeit $v(t)$ dar.

Wird die Masse aus ihrer Ruhelage ausgelenkt, so kommt es zu einer Sinus- bzw. Kosinus-Schwingung. Die folgende Animation zeigt das Schwingverhalten des ungedämpften, linearen Oszillators. Die Realisierung erfolgt durch die Prozedur ***animatDG***, die obige Differentialgleichungen numerisch löst. Mit dem Darstellungsmodus 1 wird auf der Ordinate die Auslenkung $s(t)$ über der Zeit t abgetragen, beim Darstellungsmodus 2 wird $v(t)$ über t abgetragen. Eine andere Möglichkeit die Vorgänge graphisch zu beschreiben, ist eine Projektion auf die Geschwindigkeits-Auslenkungs-Ebene. Wir setzen dazu den Modus der Prozedur auf 3.

```
>   ds:=v:  dv:=-s*C/m:  C:=3.0:  m:=1.0:
    s_0:=10:  v_0:=0:  Dauer:=6:  Aufloesung:=200:

>   animatDG(ds,dv,s_0,v_0,Dauer,Aufloesung,3);
```

Animation !

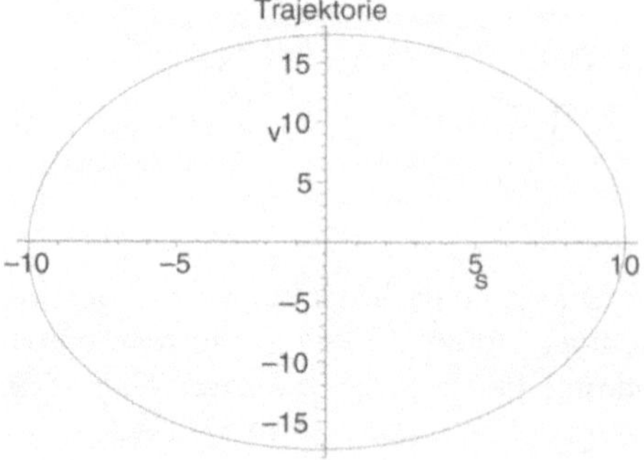

Auf der Abszisse ist die Auslenkung und auf der Ordinate die Geschwindigkeit abgetragen. Diese Diagrammform enthält zwar keine eindeutigen Zeitinformationen, es können jedoch die beiden entscheidenden Größen gleichzeitig dargestellt werden. Die Kurven werden als Bahnkurven oder Trajektorien im zweidimensionalen Phasenraum bezeichnet. Schön zu sehen ist, wie die Energie des Systems ständig zwischen kinetischer und potentieller Energie hin– und herpendelt. Am Geschwindigkeitsmaximum ist die Auslenkung gleich Null (Ruhelagendurchgang). Am Auslenkungsmaximum ist die Geschwindigkeit gleich Null; das Pendel hat den Umkehrpunkt erreicht.

Feder-Masse-Schwinger mit Reibung und Fremderregung: Der mit Reibung behaftete Oszillator soll von außen sinusförmig angetrieben werden. Dies kann dadurch realisiert werden, dass der Aufhängepunkt der Feder bewegt wird, z.B. durch eine sich drehende Scheibe mit Pleuelstange. Für die Beschreibung dieses angeregten Oszillators muss die Differentialgleichung erweitert werden zu $\ddot{x} + 2d\sqrt{\frac{C}{m}}\dot{x} + \frac{C}{m}x = A\sin\omega_E t$ mit der Amplitude A und der Kreisfrequenz ω_E der Anregung. Bei der Simulation dieses Systems ergibt sich die im folgenden Bild gezeigte Trajektorie:

```
>   ds:=v:  dv:=-2*daempfung*sqrt(C/m)*v-C/m*s+A*sin(wE*t):

>   C:=1.:  m:=1.:  daempfung:=0.2:  A:=1:  wE:=1:
```

```
> s_0:=10:  v_0:=0:  Dauer:=40:  Aufloesung:=200:
> animatDG(ds,dv,s_0,v_0,Dauer,Aufloesung,3);
```

Animation !

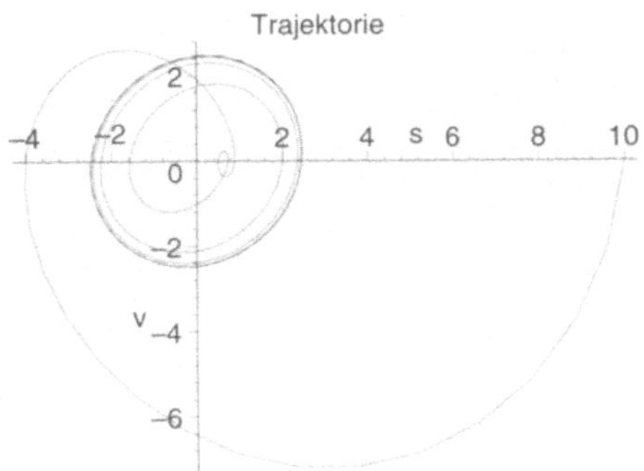

Hierbei zeigt sich ein interessantes Bild: Nach kaum mehr als zwei Perioden stellt sich eine Bahn ein, die durch das Verhältnis der Reibung zum Antrieb gekennzeichnet ist. Sie verläuft stabil. Welche Anfangsauslenkung auch immer gewählt wird, die Trajektorie wird von einem Attraktor angezogen, in diesem Fall jedoch kein Punktattraktor, sondern ein Grenzzyklus, der eben die Gleichgewichtssituation beschreibt. Das Langzeitverhalten zweier unterschiedlicher Anfangswerte ist damit ähnlich.

Duffing-Gleichung: Nun erfolgt der Übergang zu nichtlinearen Systemen, denn nur diese können chaotisches Verhalten aufweisen. Als Beispiel soll eine Differentialgleichung verwendet werden, die einen zusätzlichen nichtlinearen Term enthält, d.h. das lineare Glied ist durch die beiden ersten Glieder einer Reihenentwicklung ersetzt worden. Sie ist als *Duffing-Gleichung* bekannt und wurde von Georg Duffing 1918 aufgestellt: $\ddot{x} + c\dot{x} - bx + ax^3 = A\sin\omega_E t$. Die Parameter a, b und c beschreiben die Proportionen des Systems. Für den „Hausgebrauch" kann man es sich als ein System vorstellen, das statt einer linearen Beziehung der Rückstellkraft einen Term dritten oder höheren Grades besitzt. Die Simulation ergibt folgendes Bild für die Trajektorie für die Parameter $a = 0.53$, $b = 0.2$, $c = 0.04$, $A = 0.4$, $\omega_E = 0.19$ und der Anfangsauslenkung $s\_0 = 1$. Aus Rechenzeitgründen ist nicht die animierte Version der Trajektorie gewählt, sondern es wird die Prozedur *visualDG* verwendet:

```
> ds:=v:  dv:=-c*v+b*s-a*s^3+A*sin(wE*t):
> a:=0.53:  b:=0.2:  c:=0.04:  A:=0.4:  wE:=0.19:
> s_0:=1:  v_0:=0:  Dauer:=400:  Aufloesung:=2400:
```

```
> visualDG(ds,dv,s_0,v_0,Dauer,Aufloesung,3);
```

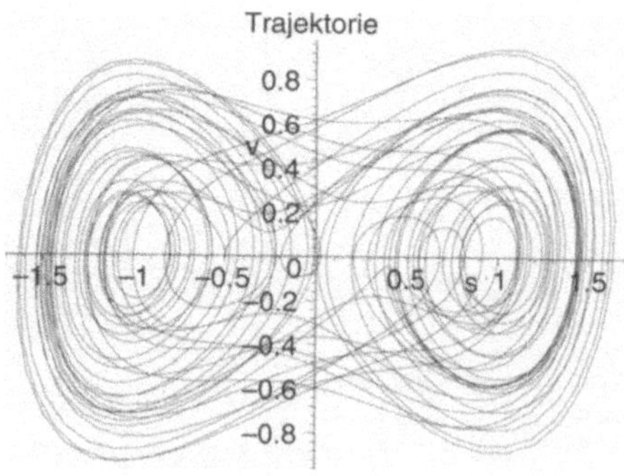

Die Trajektorie beginnt genau im Punkt (1|0), der durch die gewählte An-
fangsauslenkung bestimmt ist. Dann dauert es gewisse Zeit bis sich eine Periodizität einstellt. Man kann den Grenzzyklus, der sich herausbildet, daran
erkennen, dass hier die Linie dicker zu sein scheint. Er ist wie auch beim
getriebenen, gedämpften linearen Oszillator stabil, jedoch im Gegensatz zu
einem simplen Kreis oder einer Ellipse komplexer aufgebaut. Anscheinend ist
der Duffing-Oszillator zwar nichtlinear, aber keineswegs chaotisch.

Weitere Themen auf der CD-ROM: Einleitung, Weg-Zeit-Diagramm,
Feder-Masse-Schwinger mit Reibung.

17.2 Beschreibung von Chaos:

In diesem Abschnitt werden Methoden besprochen, mit denen chaotisches
Verhalten sowohl qualitativ als auch quantitativ beschrieben werden kann.
Es werden Begrife wie z.B. die *Sensitivität* und der *Ljapunov-Exponent*, die
Mischungseigenschaft und *ergodische Bahnen* anhand der logistischen Glei-
chung erklärt. Dies führt auch auf die Begriffe eines *Attraktors* bzw. dem
zyklischen Verhalten.

Die Prozedur *logistischeGleichung* gibt eine graphische Darstellung der
Zeitreihen der logistischen Gleichung und die Differenz von Zeitreihen für zwei
verschiedene Startwerte an. Schließlich werden zwei Prozeduren *Iteriere2*
und *Feigenbaum* aus dem Paket *newfeig* benutzt.

Logistische Gleichung: Ein einfaches Modell für die Entwicklung einer
Tierpopulation ist die logistische Gleichung: $x_{n+1} = r\,x_n\,(1 - x_n)$ mit $n =$
$1, 2, \ldots$ Angenommen es soll die Anzahl von Hasen in einem bestimmten Ge-
biet über Jahre hinweg beschrieben werden. Der Zeitpunkt n steht für das

Jahr, der Zeitpunkt *n+1* für das darauffolgende Jahr. Man kann davon ausgehen, dass je mehr Hasen es gibt auch umso mehr junge Hasen geboren werden, da mehr Elternpaare zusammenfinden: $x_{n+1} \sim x_n$. Es gibt eine bestimmte Populationsgröße, die gerade noch vom Lebensraum verkraftet wird. Diese kann man gleich 100% also gleich 1 setzen. Das Wachstum der Population muss auch von der Differenz zwischen der maximalen verträglichen Populationsgröße und der aktuellen Population abhängen: $x_{n+1} \sim 1 - x_n$. Fließt dieser Zusammenhang proportional ein, so erhält man die logistische Gleichung, die noch von einem Proportionalitätsfaktor r abhängt.

Sensitivität: In der folgenden Graphik ist das Verhalten der logistischen Gleichung für r = 4 und dem Anfangswert $x_0 = 0.2050$ abgebildet.

```
>  logistischeGleichung(4,0.2050,0.2051,70,1);
```

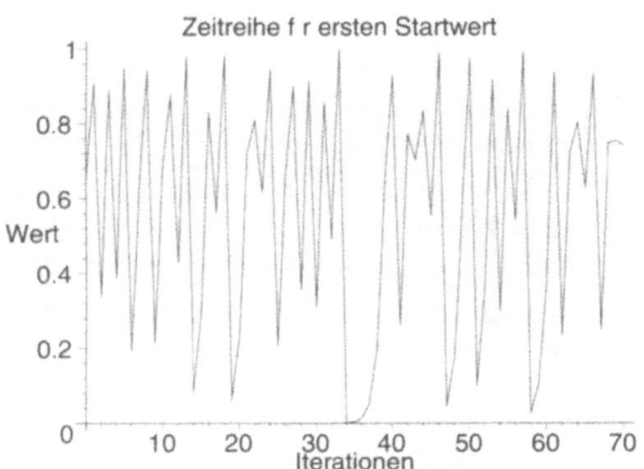

Diese Folge von Werten sieht ja schon recht chaotisch aus. Leider reicht diese gefühlsmäßige Bestimmung von Chaos nicht aus, denn es könnte ja auch ein Signal bestehend aus einer Vielzahl überlagerter periodischer Signalen sein.

Eine erste Eigenschaft, die auf chaotisches Verhalten hinweist, ist die *Sensitivität von den Anfangsbedingungen*. Dies bedeutet, dass kleinste Abweichungen des Startwertes x_0 zu einem völlig anderen Iterationsverlauf führen (siehe folgendes Bild, wo für einen geringfügig anderen Startwert statt 0.2050 nun 0.2051 iteriert wird). Die Differenz zwischen den jeweiligen Iterationswerten x_n steigt sehr schnell an und erreicht nahezu explosionsartig Werte in der Größenordnung der Zeitreihen, also im Fall der logistischen Gleichung den Bereich von 0 bis 1, wie im darauf folgenden Bild zu sehen ist.

```
>  logistischeGleichung(4,0.2050,0.2051,70,3);
```

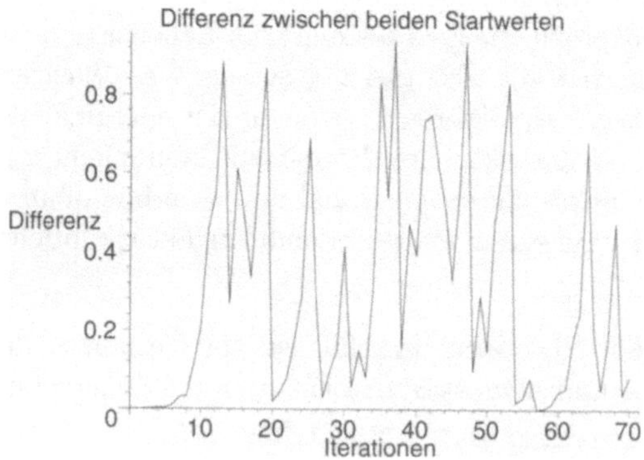

Wenn Sensitivität vorliegt, so wird jede noch so kleine Differenz, die geringfügiste Abweichung, jeder kleinste Fehler verstärkt. Sensitivität allein ist allerdings noch kein hinreichendes Kriterium für chaotisches Verhalten. Man kann sich eine Iterationsvorschrift vorstellen, die sensitiv ist, aber auf keinen Fall chaotisch, z.B. die lineare Abbildung: $x_{n+1} = k\,x_n$. Hier wird bei n Schritten eine kleine Abweichung e zur Gesamtabweichung verstärkt. $A_n = k\,e^n$. Die lineare Abbildung ist somit sensitiv, aber, wie leicht einzusehen, nicht chaotisch. Etwas strenger formuliert ist damit die Sensitivität von den Anfangsbedingungen ein notwendiges, aber nicht hinreichendes Kriterium für ein chaotisches System.

Mischungseigenschaft, ergodische Bahn: Neben der Sensitivität von den Anfangsbedingungen, die durch den Ljapunov-Exponenten quantifiziert wird, gibt es weitere Eigenschaften chaotischer Systeme, die ebenfalls am Beispiel der logistischen Gleichung besprochen werden. Eine davon ist *die Mischungseigenschaft*. Um diese Eigenschaft zu beschreiben, verwenden wir zur graphischen Iteration die Prozedur ***Iteriere2***, die unter dem Thema „Iterationsverfahren - Von Newton bis Feigenbaum" erläutert und auf der CD-ROM an dieser Stelle nochmals ausgeführt wird. Im folgenden wird mit dieser Methode die *Mischungseigenschaft* bzw. der Begriff *ergodische Bahn* beschrieben. Mischen bedeutet, dass von jedem auch noch so kleinen Intervall auf der Abszisse aus jedes andere Intervall durch Iteration erreicht werden kann.

Ergodische Bahn bei r=4: Im nächsten Bild ist ersichtlich, wie von jedem nicht zu kleinen Intervall jedes andere Intervall erreicht wird und das Einheitsintervall durch die ergodische Bahn dicht ausgefüllt wird. Da hier nur 300 Iterationen durchgeführt wurden, werden noch nicht alle Punkte erreicht. Durch Erhöhung der Anzahl der Iterationen kann sich jedem Punkt beliebig genähert werden.

```
>   f:=x->4*x*(1-x);
>   Iteriere2(f,0.7,100);
```

$$f := x \to 4\,x\,(1-x)$$

Animation !

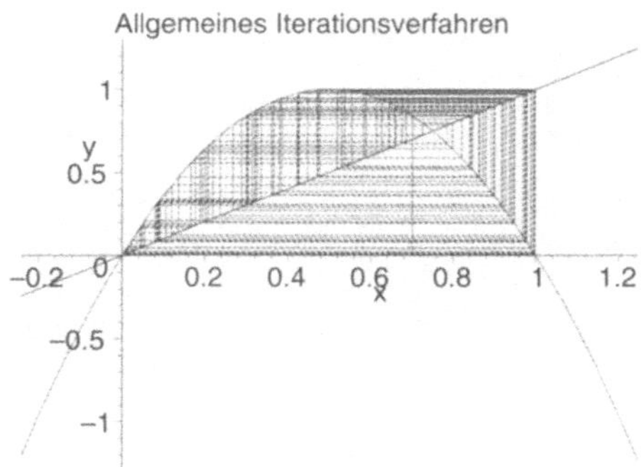

2-periodischer Zyklus bei r=3.1: Ein weiterer Schritt in Richtung Chaos: die Iteration für r = 3.1 zeigt folgendes Bild:

```
>   f:=x->3.1*x*(1-x);
>   Iteriere2(f,0.4,100);
```

$$f := x \to 3.1\,x\,(1-x)$$

Animation !

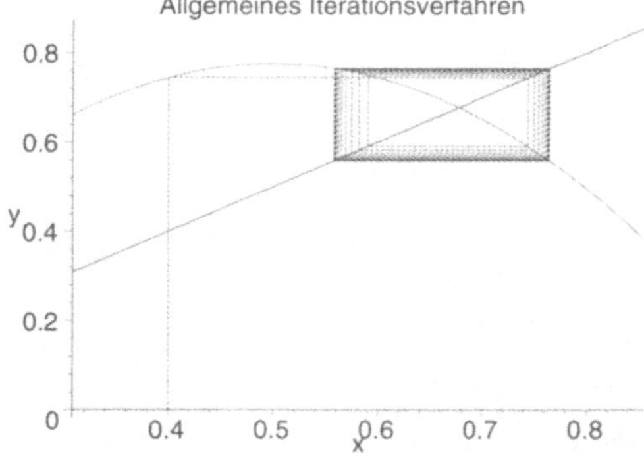

Diese Graphik überrascht mit einem gänzlich anderen Verhalten der Bahn gegenüber r = 3. Die Bahn wird nicht von einem Punkt angezogen, sondern von einem periodischen Zyklus. Es tritt somit die Notwendigkeit auf, den Begriff des Attraktors, den wir bei der logistischen Gleichung bisher nur auf einen Punkt bezogen haben, auszuweiten auf andere Strukturen. Zum besseren Verständnis zeigt das folgende Bild die Zeitreihen und die Abweichung zwischen zwei Startwerten für die ersten 70 Iterationen:

```
> logistischeGleichung(3.1,0.40,0.43,70,0);
```

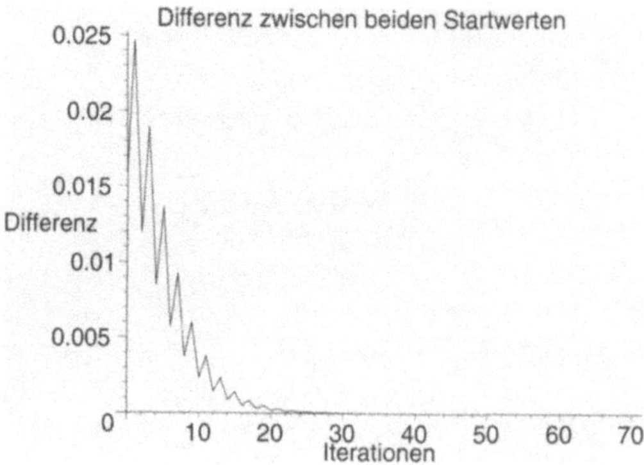

Das Pendeln zwischen zwei konstanten Werten ist deutlich zu erkennen. Ersichtlich wird auch, dass die doch recht große Abweichung zwischen den beiden Werten verschwindet. Es kann folgendes für r = 3.1 festgehalten werden: keine Sensitivität, keine Durchmischung, kein chaotisches Verhalten. Als Attraktor tritt ein periodischer Zyklus auf. Es gibt im Gegensatz zu r < 3 keinen einzelnen Endwert, der sich nach mehr oder weniger Iterationen einstellt, sondern zwei Endwerte, zwischen denen der Wert für x_n hin- und herpendelt. Der Zyklus ist somit *2-(Iterationen-)periodisch*.

Feigenbaum-Diagramm: Das unten angegebene Bild zeigt das Endzustandsdiagramm, das auch als Feigenbaumdiagramm bezeichnet wird.

```
> f:=x->a*x*(1-x);
```

```
> Feigenbaum(f,1,3.7,.01);
```

$$f := x \to a\,x\,(1 - x)$$

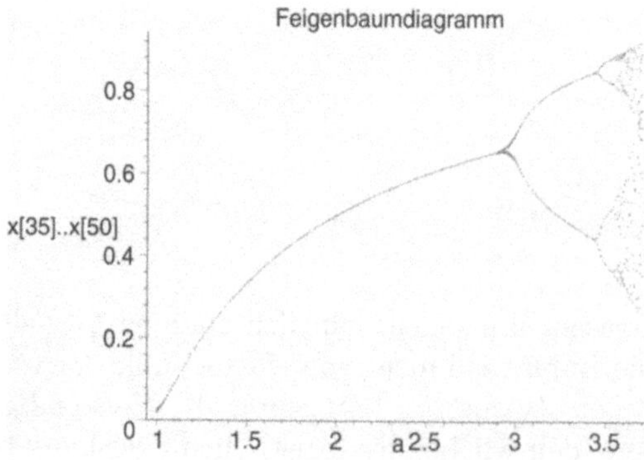

Im Feigenbaumdiagramm sind die hier ausgeführten Beobachtungen zusammengefasst. Es zeigt, dass für alle Parameter kleiner 1 der Nullpunkt einen

Attraktor darstellt. Liegt der Parameter dagegen zwischen 1 und dem sogenannten Feigenbaum-Punkt bei r = 3.5699456..., so tritt Periodenverdopplung auf: wenn der Parameter r größer wird, so verdoppelt sich die Periodizität immer weiter: 1-, 2-, 4-, 8- , usw. - periodisch ist dann der Endzustandszyklus. Man bezeichnet diese Periodenverdoppelung als Bifurkation, also eine Gabelung in jeweils zwei Äste. Wird der Parameter größer als der Abszissenabschnitt des Feigenbaum-Punktes, so tritt Chaos auf, das jedoch interessanterweise von Bereichen der Ordnung unterbrochen wird. Dieses Phänomen zeigt sich im Diagramm an den schwarz-weißen streifigen Strukturen. Das Feigenbaum-Diagramm stellt eine fraktale Struktur dar. Auf Fraktale soll in dieser Ausarbeitung nicht eingegangen. Der interessierte Leser sei auf das Kapitel „Fraktale" verwiesen.

Weitere Themen auf der CD-ROM: Attraktor bei r=2, Verhalten bei r=3, 2-periodischer Zyklus bei r=3.1, 4er Zyklus bei r=3.5.

17.3 Anwendung der Begriffe auf den Duffing-Oszillator

Differentialgleichungen werden zur Beschreibung von Vorgängen in Natur und Technik verwendet. Dabei sind die meisten Gleichungen nicht analytisch lösbar, so dass auf numerische Verfahren zurückgegriffen wird. Bekannte numerische Verfahren zur Lösung von Differentialgleichungen sind das Euler-Verfahren oder auch das Verfahren nach Runge-Kutta. Den numerischen Verfahren ist gemein, dass sie naturgemäß nicht den kontinuierlichen Verlauf betrachten, sondern statt dessen den Differentialquotienten überführen zu einem Differenzenquotienten. Dabei wird die unendlich kleine Zeitdifferenz dt zu einem durchaus nicht gegen Null gehenden Δt. Aus der kontinuierlichen Differentialgleichung ist eine diskrete Beschreibung geworden. Hier muss Vorsicht walten, denn das charakteristische Verhalten eines Systems kann sich durch diese Umwandlung in eine diskrete Beschreibung grundlegend verändern. Wird die logistische Gleichung als Differentialgleichung geschrieben, so ergibt sich ein kontinuierlicher Anstieg der Populationsgröße bis die Sättigung bei 100% erreicht ist. Nur die diskrete Beschreibung dieser Gleichung zeigt chaotisches Verhalten.

Bei den Betrachtungen zur logistischen Gleichung wurde der Begriff Sensitivität eingeführt. Sensitivität kann über die Zeitreihen zweier sich nur geringfügig unterscheidenden Startwerte und die Differenz der Zeitreihen leicht erkannt werden. Liegt Sensitivität vor, so muss die Abweichung die Größe der eigentlichen Zeitreihen erreichen. Das folgende Bild zeigt die Differenz der Zeitreihe für die Anfangsauslenkungen 0.3 und 0.301. Die Prozedur **DGdiff** stellt die Differenz der Zeitreihen von Differentialgleichungen für die zwei unterschiedlichen Startwerte dar.

```
>  ds:=v:                                   # erstes DG-System
   dv:=-c*v+b*s-a*s^3+A*sin(wE*t):
>  ds_2:=v_2:                               # zweites DG-System
   dv_2:=-c*v_2+b*s_2-a*s_2^3+A*sin(wE*t):
>  a:=0.53: b:=0.2: c:=0.04: A:=0.4: wE:=0.19:  # Parameter
   s_0:=0.3: s_0_2:=0.301: Dauer:=400:  Aufloesung:=2000:
>  DGdiff(ds,dv,ds_2,dv_2,s_0,s_0_2,Dauer,Aufloesung,3);
```

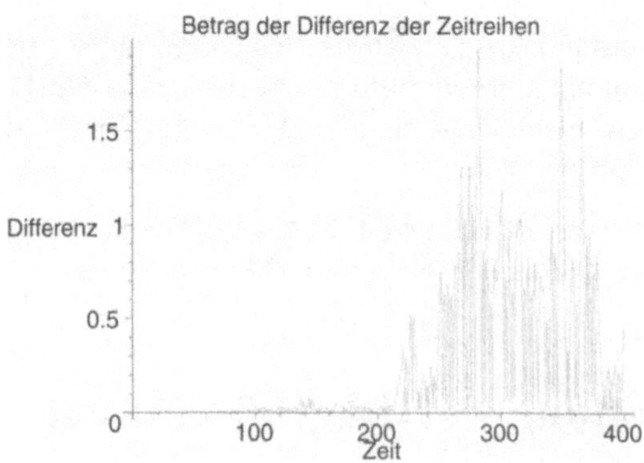

Die Differenz der Zeitreihen zeigt deutlich: Es liegt Sensitivität vor. Es dauert jedoch einige Iterationsschritte bis die Abweichung der Anfangsbedingungen zur Signalgröße angewachsen ist. Es mag auf den ersten Blick verwunderlich erscheinen, dass die Abweichung manchmal mehr als die Signalgröße beträgt. Dies liegt einfach daran, dass hier im Gegensatz zur logistischen Gleichung auch negative Werte in den Zeitreihen auftreten, die Abweichung jedoch als Betrag angegeben ist. Für die logistische Gleichung ergab sich bei Variation des Parameters r das Feigenbaum-Endzustandsdiagramm. Wird beispielsweise der Parameter b variiert erhält man ein Feigenbaum-Diagramm, das dem der logistischen Gleichung sehr ähnelt. Dies zeigt, dass Chaos zwar chaotisch sein mag aber nicht ohne Regelmäßigkeit. Der Weg ins Chaos über Bifurkation, die Periodenverdopplung, wie sie auch bei der logistischen Gleichung auftrat, scheint universeller Natur zu sein. Für die logistische Gleichung wurde der Begriff Attraktor eingeführt. Auch bei der Duffing-Gleichung existieren Attraktoren, wobei hier jedoch wesentlich komplexere Strukturen zugrunde liegen, was durchaus einzusehen ist, da verschiedene Werte für 5 Parameter gewählt und kombiniert werden können.

Literaturverzeichnis

1. **Brochhagen**, H.J. (1995) *Differentialgleichungen in der Schulmathematik.*
in: Der Mathematikunterricht, Jg. 41, Heft 2. Friedrich, Velber.

2. **Coombes**, K.R. / **Hunt**, B.R. / **Lipsman**, R.L. / **Osborn**, J.E. / **Stuck**,
G.J. (1996) *Differential Equations with Maple.* John Wiley & Sons, New York.

3. **Diemer**, L. / **Bachert**, W. / **Laule**, M. (1997) *Mathematik mit Maple V.*
Dümmler, Bonn.

4. **Dorn**, F. / **Bader**, F. (1983) *Physik Oberstufe S* . Schroedel, Hannover.

5. **Enz**, E. (1995) *Differentialgleichungen.* Materialien aus der Lehrerfortbildung
für das Fach Mathematik, M37. Landesinstitut für Erziehung und Unterricht,
Stuttgart.

6. **Peitgen** / **Jürgens** / **Saupe** / **Maletsky** / **Perciante** / **Yunker** (1992)
Chaos, Iteration, Sensitivität, Mandelbrotmenge — Ein Arbeitsbuch. Springer/
Klett, Heidelberg/ Stuttgart.

7. **Schmid**, A.(Hrsg.) / **Schweizer**, W.(Hrsg.) (1987) *LS Analysis Eins.* Klett,
Stuttgart.

8. **Schmid**, A.(Hrsg.) / **Schweizer**, W.(Hrsg.) (1989) *LS Analysis Zwei.* Klett,
Stuttgart.

9. **Schmid**, A.(Hrsg.) / **Schweizer**, W.(Hrsg.) (1988) *LS Analytische Geometrie.*
Klett, Stuttgart.

10. **Schmid**, A.(Hrsg.) / **Schweizer**, W.(Hrsg.) (2000) *LS Analytische Geometrie
mit linearer Algebra — Leistungskurs.* Klett, Stuttgart.

11. **Stöcker**, H. (1995) *Taschenbuch mathematischer Formeln und Verfahren.*
Harri Deutsch, Frankfurt a.M.

12. **Westermann**, T. (2000) *Mathematik für Ingenieure mit Maple (Band 1).*
Springer, Berlin Heidelberg.

13. **Westermann**, T. (2001) *Mathematik für Ingenieure mit Maple (Band 2).*
Springer, Berlin Heidelberg.

Sachverzeichnis